从零打造小院

庭院、菜园、阳台花园的简单创意技巧

日本主妇与生活社

编

袁 光　刘思语　袁立娟　徐 颖　王 虹

译

机械工业出版社
CHINA MACHINE PRESS

一年四季绿意盎然，无论春秋繁花似锦……

购买本书的朋友们一定都非常向往这样的庭院吧！

但是，你也一定会因为遇到各种棘手的问题而烦恼苦闷吧？

土地面积狭小，种植空间不足，光照条件不好……

很多人都因为这些不利的条件而放弃了侍弄花草吧？

其实，本书介绍的靓丽庭院都是些小型庭院。

这些独具匠心的小庭院都是各位园主在经历了无数次失败之后才打造出来的完

美佳作。它们既可以为家人带来温馨的环境，也可以供访客和行人观赏。

土地的面积虽然无法改变，但种植空间却可以设法扩增。

只要增加立体感和纵深，就能让庭院看起来更加宽广。

那么，就请以本书为范本，打造一个属于自己的小庭院吧！

请把你的庭院改造成绿意丰盈的美丽空间吧！

目录

园艺术语集
GARDENING KEYWORDS

书中与园艺有关的关键词。

赤土陶器

赤土陶器是指不上釉的素烧陶盆和摆件。另外，因为陶盆和花槽的透气性和排水性较好，所以能为花草提供适合生长的环境。但是，此类器具也有容易发霉和生苔的缺点。

赤玉土

赤玉土是指用筛土的方式收集到的红土粒子。由于这种土壤具有良好的透气性和排水性，所以它除了能够改良庭院的土质，还可以在栽种盆栽花、扦插花苗时使用。

地被植物

地被植物是指那种茎和枝横向伸展，能覆盖住土表的植物。常春藤、蔓长春花、千叶吊兰等均为此类植物。

方尖柱

这是一种顶端呈尖塔状的柱状支撑物，适合供藤本植物攀爬。在立体的构筑物上点缀精致的装饰，就会让它成为小型庭院的亮点。

覆盖物

为了防寒防燥而在植株的根部铺设的稻草、树皮屑（把松树等树木的树皮做成砾石状句）、木屑等统称为覆盖物。铺设覆盖物是为了保护植物。

拱门

拱门是供藤本植物攀爬、能够成为庭院亮点的弓形构筑物。

户外构造

户外构造是指房屋外部的布局，与室内装修相对应。户外构造包括玄关的周围、大门、围墙、停车场等，它是小庭院的舞台。

花岗岩

花岗岩是指约 9cm 见方的立方体花岗岩。可以将之用作铺路的石砖，还可以用它来垒砌花坛。

化学肥料

根据原材料的不同，肥料可分为有机肥料和化学肥料。前者是以酒糟、鱼粉等动植物性有机物为原料而制成的肥料。后者则是以矿物等无机物为原料，配以氮、磷、钾等化学元素制成的肥料。此类肥料大多呈颗粒状，比有机肥料的速效性高，但持久性低。如过度使用此类肥料，则容易发生"烧根"现象。

焦点

焦点是指花坛、构筑物、象征树等在院子里能够引人注目的物体，或是希望吸引人们视线的亮点。巧妙地制造焦点就会让庭院具有张弛有度的节奏感与和谐统一的风格。

接缝

这里指砌砖或铺砖时砖块间的接缝。

境栽花坛

境栽花坛是指以树篱为背景或沿墙而建的细长带状花坛。花园设计的基本原则是将植株较高的植物种植在远处，把植株低矮的植物种在近前，这样才能凸显出立体效果。比如，英式花园就能让人欣赏到植物的高低差和色差等变化。

客土

客土是指为了改良不适合培育花草的土壤和不良土壤，在去除原生土后，作为替换的外来土。也多指适合作替代品使用的优质土壤，所以它也被称为人工土。

苦土

苦土是指可溶性镁的含量达 3.5% 以上的石灰质材料。其原料为白云岩或白云岩质的石灰岩。植物其实最适合在中性或碱性的土壤中生长，但日本的土壤却偏酸性。可以用它把日本的土壤改良成偏碱性的土壤。它之所以被称为苦土，是因为镁的口感很苦。

烂根

烂根是指因为浇水、施肥过量所导致的植物根部周围的透气性变差，致使根部腐烂的现象。

凉亭

凉亭是指展望台，是带屋顶的小憩处。如果让藤本植物爬到凉亭上，那么就会营造出浪漫的空间。

林下草

林下草是指种在树木或植株高大的植物下面的花草。推荐栽种耐阴、半耐阴的植物。

LED 灯

这是 Light Emitting Diode 的缩写，指发光二极管。长寿命、低耗电、省资源、低紫外线、低红外线的 LED 是我们生活中不可缺少的光源。由于 LED 不发热，所以它是很有人气的花园装饰灯。LED 太阳能灯是那种用太阳能板吸收了白天的太阳光后，把电存蓄到内置的充电电池中，到了晚上会被传感器点亮的照明器具。也就是说，这种灯能零电费、自动、安全、梦幻地点亮庭院。

培养土

培养土是用赤玉土或腐叶土重新调配的土壤，适合初学者使用。

葡匐茎

葡匐茎是指在地面上爬行生长的茎，即使将之切掉，它也能成长为独立的植株。

牵拉

牵拉是指将藤本植物缠绕在支柱、墙面及树桩、拱门处的园艺作业。牵拉作业适合在植物休眠期进行。

前庭

前庭是指如拱门等从门扉到玄关之间的空间，或面向道路打造的花坛，也称前院。

乔木

种在庭院里的树如果超过了 3m，就可以称其为乔木了。树高低于 1.5m 的树为灌木或矮木。小乔木树高为 1.5~3m。

群植

群植是指大面积种植很多同种植物。这种栽种方法可以起到衬托小而不起眼的植物的效果。

砂浆

砂浆是指用水泥、沙子、水混合而成的建筑材料。它可以刷涂墙壁、连接砖块、制作构筑物。最近，也有人会把它涂到了为了保护自己隐私而修建的围墙上；还有人用它来制作新物件。它也叫灰浆。

藤花爬架 / 篱笆

这里指的是带格子的隔板屏风。因为此类物件适合牵引藤本植物攀爬，所以也可用其做屏风使用。

藤蔓架

藤蔓架是指用格子组成的架子，如葡萄架，可供藤本植物攀爬。

藤本植物

藤本植物是指将细茎缠绕在构筑物上生长的植物，如藤本月季。

土壤改良

土壤改良是指把土壤调配成具有良好的排水性、保水性、通气性，适合植物生长的土壤。改良后的土壤也被称为园艺土。

小路

小路是指从大门到玄关的通道。小型庭院适合铺设曲线形的小路。

小屋 / 园舍 / 收纳屋

这里是指用于收纳工具的小棚子，它也能成为庭院的焦点。在小庭院里，此类小屋是很受欢迎的构筑物。

阴面花园

阴面花园指位于阴面的庭院。这种庭院适合栽种绣球、铁筷子等在背阴处也能生长的花木，也可以栽种些宿根植物或球根植物。

有机肥料

请参照化学肥料。

园艺土

园艺土泛指赤玉土、鹿沼土等适合栽培植物的土壤。

杂木

落叶树多被称为杂木，这种树能给庭院增添风情。因为这种树不能做建材使用，所以有段时期曾被人们视为废材。

种植床（raised bed）

种植床是指用砖石砌成的高于地面的花坛。

第 **1** 章

要想让小庭院变得漂漂亮亮的，就要『向上看』！

若土地面积狭窄，就要把空中的空间也加入到花园的设计中来！

10m² 的庭院

S 先生的宅邸

宅邸的问题

- 和邻居家的距离过近
- 砖墙太过显眼
- 家的正前方有汽车棚

说起花团锦簇、一年四季都会绿意盎然的庭院，很多人都会认为那一定是阳光充足、视野宽广的庭院吧。如果具备这种条件的话，那么我家肯定也会……相信不少人都有这样的感慨吧。

不过，这里介绍的 3 位户主所拥有的都是小型庭院。

为了让庭院看起来更加宽敞，他们绞尽脑汁地做出了各种尝试，这才把庭院打造成了现在的样子。

如果你向他们请教成功的秘诀，那么他们便会异口同声地夸赞拱门和藤蔓架化腐朽为神奇的魔力。

如果你不能扩大土地的面积，就把空中的空间也纳入庭院的设计中吧！

为了让这个想法成为可能，必须采取一些让人"向上看"的措施。

让我们立刻翻开书页，来探访这些被园主们精心设计出来的庭院吧。

位于暴雪地区的 90m² 庭院

H 先生的宅邸

宅邸的问题

- 这是北海道地区的一个小庭院
- 它位于住宅的一角，且日照不好
- 冬天时，这个小庭院就会被大雪所覆盖

16m² 的庭院

K 先生的宅邸

宅邸的问题

- 种植空间较小
- 汽车棚太扎眼
- 易遭强风侵袭

1 素馨叶白英渐变的淡紫色花朵就像茄子花一样漂亮。主人说："它连成串的小花冠很是可爱。" **2** 月季"保罗的喜马拉雅麝香"覆盖住了汽车棚的棚顶。作为藤本月季，此花花期较长，令人充满期待。

正因为是小院子，所以才要多设计一些拱门，以便打造出有立体感的月季花园

和邻居家的距离太近

N

house.

Cafe space.

parking

砖墙

停车场

数据
群马县 /10m² / 三面都有邻居 / 建售住宅 / 有 5 年的园艺经验 / 砖墙很显眼·和邻居家太近·家的正前方有停车场和汽车棚等各种问题

淡粉色的月季"保罗的喜马拉雅麝香"仿佛从空中飘落般地竞相绽放着，这样的美景也会让路过的行人驻足赞叹吧。但庭院的主人 S 先生却苦笑着解释说："其实这些月季是用来遮挡汽车棚的棚顶的。""后来，我又盖了一个带棚顶的汽车棚，但它实在是太难看了。"

面对这些问题的 S 先生其实在五年前才开始正式致力于园艺活动的。他从照片墙上的各种庭院设计中获得了灵感，并开始认真地打造起了自己的庭院。不过，他为什么要选择很难伺候的月季呢？

"14 年前，为了祝贺我购置新居，母亲送给了我一些嫁接的月季。于是，我就把这些月季种在了院子里。后来，月季长得很好，而且花也开得很漂亮。"

但是，他在建设庭院的过程中也遇到了很多问题。

"水泥停车位占去了院子四分之三的面积，而主花园只有 3 张榻榻米大小，且庭院的采光也不是很好。"最重要的是，只要有半透明棚顶的汽车棚和乏味的围墙立在那里，庭院就无法变成令人向往的月季花园。下面是 S 先生想出的对策。

棕色竖格围墙曾是一面砖墙。在为其涂上纯白色的灰浆后，主人就把它变成了与月季相配的围墙。

用灰浆覆盖砖墙，增加艺术感

这是个带有高约50cm白色爬架的花盆。想象让什么样的植物爬在架子上也是一种乐趣。

原以为是旧木门的器物竟也是用灰浆造型制作的。配上旧牛奶罐，这里就变成了低调朴素的一角。

门柱和鸟巢都是用灰浆制作的。"灰浆造型的制作增大了庭院设计的可能性。"

　　主人是怎样让条件恶劣的庭院发生了戏剧性变化的呢？他用灰浆刷墙，把原先的砖墙遮盖了起来；用藤本月季覆盖住了汽车棚的棚顶；用拱门制造出了纵深感，并成功地牵拉起了人们的视线。

　　主花园里有5个拱门和1个藤蔓架，通道的入口处也设置了1个拱门。去年，主人自制的带屋顶的座席凉亭也加入了装饰小院的行列。

　　让月季和铁线莲爬在那些架子上的思路是绝对正确的。人们在观赏娇艳欲滴的花朵时，其视线也会自然上升。

　　"而且，因为人们会对拱门前方的景色充满幻想，所以就不会觉得庭院狭小了。"

　　用灰浆给最碍眼的围墙刷上涂层，再给大门设计个造型，这样就能改变庭院的风貌了。

　　"关于砂浆造型，我几乎是自学成才的。而且，我也能用它来制作些小饰物了。"

　　你看，一只手拿怀表的兔子就要从灰浆造型的小门里出来啦！

　　"我很高兴你能这么想。也许是因为孩子们总来找我读绘本吧，所以我喜欢在院子各处营造出像绘本中的故事情节一样的场景。"

带有白色藤蔓架的座席凉亭和深粉色的月季"安杰拉"营造出了令人联想起法国乡村庭院的景色。

汽车棚的上下方都是种植空间

埋在月季丛中、弯成 L 形的黑柱子就是汽车棚的棚顶。现在,汽车棚已经成了放置资材和供人休息的场所。

"这是从铺着土的院子看向停车场的场景。"月季花肥选用的是伊势崎市的"玫瑰花园·金子"出售的黄金花肥。

S 先生用拱门和灰浆造型以及木工作业彻底改变了小庭院的形象。他在望着可爱的庭院时,会情不自禁地露出欣慰的笑容。

"实际上,我在种植过程中曾遭遇过无数次的失败。我最初种的月季只是碰巧长出来了而已。有时,我会立即种下刚买回来的花苗,但这样做只会让花苗马上枯萎;院子有的地方光照不足,很多植物都不适合在这些区域地栽生长。"

于是,主人就加入了赤玉土、腐叶土和堆肥来改良土壤。在花盆里培育了两三年的月季会长得很壮实,只有被这样培育的月季才能栽种在土地里。此外,还要种植些即使在光照不好的地方也能茁壮成长的植物。要在土和水泥的交界处种上匍匐性植物,这样就能在掩盖边界的同时,给庭院加上郁郁葱葱的绿植边缘了。

"因为要给水泥地面的停车场装饰上花朵,所以我就培育了些盆栽花。可以把椅子和杂货放在花盆前边作为遮挡物,这样这些盆栽花看上去就很像地栽花了。更换盆栽花是项体力活,所以,我其实更愿意将花地栽。"

另外,S 先生在家和围墙之间的小路路口处设置了一处拱门,又让藤本月季攀爬其上。而且,他还设计了与邻居

在与邻居家的交界处设置灰浆造型和花爬架

"让月季缠在拱门上，充分发挥空间的立体效果，再配上 S 形的小路，就能制造出更加强烈的纵深感了。"

这是宽 120cm 左右的小路的景色。主人竖起了拱门，用花爬架和灰浆窗遮住了与邻居家之间的栅栏。

主人前后设置了 2 个拱门，以此增强了庭院的纵深感。这种遮挡住邻居家的设计可谓"一箭双雕"。

家相隔的篱笆墙，并用砂浆制作了假窗户，在脚下铺上砖头……这样的设计会提升在庭院里散步时的趣味性。

"拱门的效果特别好。花朵缠绕在一起的样态十分华美，能让人感觉到纵深度，拱门是我家院子里不可或缺的存在。"

车轮、生锈的水龙头、灰浆小房子等杂货也给 S 先生家的庭院增添了些许温情。

那么，到底要栽培多少种花草呢？在阳光下尽情绽放的花朵几乎让人忘了这里只是个 10m² 的小院子。S 先生诉说着他对花草的无限爱意，而茂盛的花草也温柔地包围了他的生活。

观赏到高大建筑物的快乐园地

这是个在被冬雪覆盖等恶劣的条件下也能

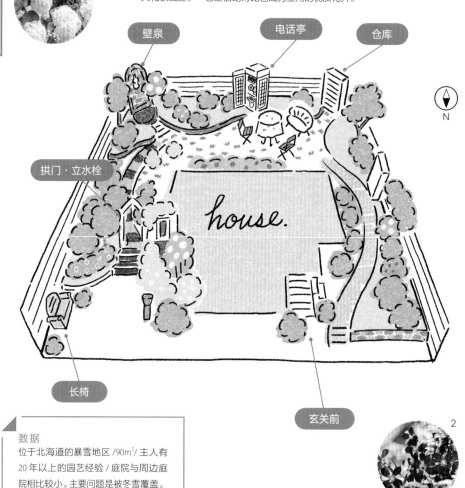

1 这是像纯白色丝绸礼服一样、花冠硕大的乔木绣球"安娜贝尔"。它是一种能给庭院带来高贵气质的绣球。 2 花色如紫宝石般的"迈克莱特"是花期较晚的大花铁线莲。"它是借助对比色成为主角的优质花卉。"

壁泉　　电话亭　　仓库

N

拱门·立水栓

house.

长椅

玄关前

数据
位于北海道的暴雪地区 /90m²/ 主人有 20 年以上的园艺经验 / 庭院与周边庭院相比较小。主要问题是被冬雪覆盖。

从主路上是看不到 H 先生家的主花园的。通往他家的小路旁栽种着茂密的绣球和树木,这些植物营造出了雅致的氛围。当我们憧憬着前方庭院的样貌时,H 先生便回答说:"也没什么可期待的,我家院子很小。"

"土地辽阔的北海道有很多院子面积很大的住宅。但因为我家位于住宅区,所以庭院面积也相对较小。"而且,"我家三面都有人住,南边是个两层小楼,所以我家的庭院环境不适合搞园艺。"

但是,在眼前的方寸小院中却生长着好几种树木,绣球和铁线莲也在竞相开放,这里简直就是个秘密花园啊。"北海道的夏天很短,所以这些花会同时绽放。"

H 先生是在美瑛的自然环境中长大的,花草树木、啾啾鸣叫的小鸟都是他的朋友。"我建造庭院不是出于爱好,而是因为它是我的精神支柱。如果没有树、叶、花,我就会感到很压抑。"

让我们来仔细了解一下 H 先生打造出的不像住宅区一角的庭院的秘诀吧。

H 先生谦虚地说道:"这也没什么了不起的。"据说,他很重视将人的视线牵向上空的设计。

这是一条用生长了 20 多年的树木营造出的具有森林氛围、通往庭院的小路。这条路能够激起访客对尚未看到的主花园的期待感。

向上看
把天空纳入庭院

1 装饰主花园窗框的是铁线莲拱门。"粉色的是'舞池',紫色的是'小巴士',白色的是'小白鸽'。" 2 小路前铺设了水泥路。这些花看起来都不像是盆栽花。

静立于草木丛中的时尚红砖立水栓是 H 先生亲手制作的。它让先生每天的浇水作业变得更加有趣了。

"关注地面就会暴露园地狭小的缺点。因此,多种些树就能让人向上看。同时,广阔的天空也会成为庭院的一部分。"

另外,在与邻居家的交界处设一道板墙就能自然地遮挡住邻居家。H 先生说:"板墙附近放置了储物间和电话亭等纵向的构筑物,这样的设计会吸引人们的视线向上看。"

"为了让植物看起来像绿意盎然的森林,就要在墙边多种些植物。但注意不要把植物栽种在院子中间,要将之栽种在庭院的四周。这样能制造出开放感,让空间看起来更加宽广。"

其实,从公路到主花园的入口处也设置了拱门和大门。"这样做是为了缩小视野。缩小近前的通道和小路可以增强纵深感。"

不愧是有 20 多年经验的老园艺师,他的设计中融入了精妙的计算。

在院子里打造红砖小路

主人勤勤恳恳地修筑了一条把人引向主花园的小路。"很久以前，我就铺上了砖头和铺路石。"

在装满水的桶里漂浮着两朵月季。"这是在降雪量较大的北海道也能盛开的月季。我太喜欢它了，所以舍不得把它扔掉。"

难以想象这是在住宅区一角、被周围房屋包围起来的像高原一样的风景。庭院中有青皮树、黄栌等 16 种以上的树木。

树木的叶片、乔木绣球"粉色安娜贝尔"、生有红果的类叶升麻都十分引人注目，它们给这条小路增添了几分雅致宁静感。

那么，在积雪深达 2 米、花期只有几个月的北海道，怎样才能让花朵开得如此旺盛呢？

"这里原本是片排水性很差的农田。我是把运来的腐叶土和鹿沼土进行调配后，才开始从事园艺活动的。"

主人逐一捡走了屋旁过道上的碎石子。此外，他还铺上了砖块，开辟了小路，又种上了野茉莉、绣球、月季等多种植物。

"红砖壁泉和立水栓都是我亲手制作的。"

主人在可以从事园艺活动的季节几乎每天都在庭院里不辞辛苦地劳作着。

"当时不像现在，什么东西都能在家具中心买到，也没人给我定做，我只能参考外国书籍，通过自己动手来达成心愿。"

像这样打造出来的庭院也会遇上光照不足、土质不好、不适合栽种某些花卉的问题。"这时就要彻底放弃幻想，认真培育能在这片土地扎根的植物了。"

对 H 先生来说，最困难的作业就是从夏末开始便要着手的过冬准备了。"开花的树木如不及时修剪，那么它

"花友"的来访变成了主人劳作的动力

在主花园中格外醒目的电话亭。"我是根据外国书籍的介绍，把它纳入庭院设计的。"

1 在平坦的庭院中设置雕像，使之成为焦点。板墙之前留出空隙，以便通风。

2 配在电话亭的杂货中有个黑色的电话。从这处构思便能看出主人的风雅情趣，让人不觉莞尔。

的树枝就会被雪压坏。还得将藤本月季牵引到地上，要干的活实在太多了。"

他边说边笑是因为他很期待初夏时节小院里高朋满座的盛况。朋友们对庭院的赞美会提高他的劳动积极性。

"冬天的雪真的很讨厌，外边连续阴天，不能出门。但是，想到雪化了就能见到花友了，我就熬过了每年中最无聊的时节。"

H 先生说："正因如此，冰雪消融，树木萌芽，花朵孕蕾的季节才格外令人期待。"4月时，他会卸下冬天的围栏，开始牵拉月季，使之恢复生机。花卉也像在回应主人的期待般地竞相绽放着，迎接着包括 H 先生在内的众多花友的赏花寻春。

越是有面积狭窄、日照差、风大等问题的庭院

越应该使用藤蔓架进行改进

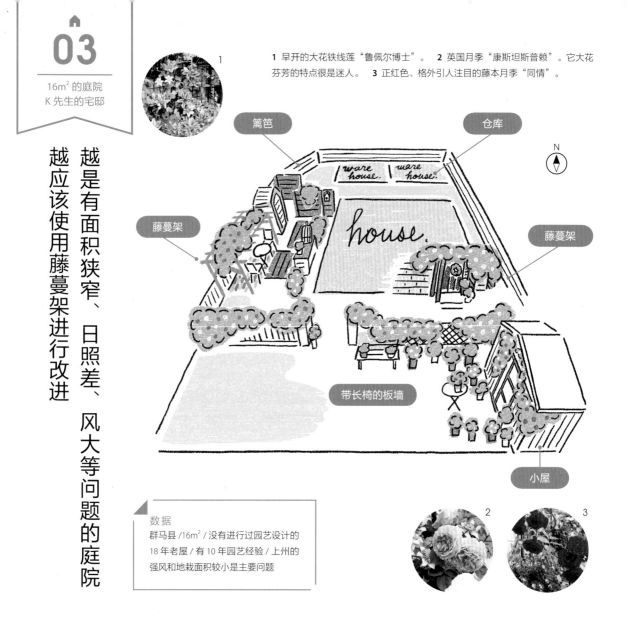

1 早开的大花铁线莲"鲁佩尔博士"。 2 英国月季"康斯坦斯普赖"。它大花芬芳的特点很是迷人。 3 正红色、格外引人注目的藤本月季"同情"。

篱笆

仓库

ware house.

ware house.

house.

N

藤蔓架

藤蔓架

带长椅的板墙

小屋

数据
群马县 /16m² / 没有进行过园艺设计的
18 年老屋 / 有 10 年园艺经验 / 上州的
强风和地栽面积较小是主要问题

K 先生家的蓝色藤蔓架和粉紫色的"曼宁顿"蔷薇格外相配。"我家的庭园就只有这么大，大概 16m² 左右，很小吧。"

刚建房子时，主人对园艺活动本来是不感兴趣的，只是种了些香草而已。但是，"10 年前，我被朋友拉去参加了月季花展，于是便顺手买了颗'冰山'的幼苗，它长得十分茁壮。"从那以后，主人就被姿态优美、香味浓郁的月季给迷住了。"最初，我种的都是英国月季。"

但是，院子里能搞地栽的土地毕竟有限。"在我爱上园艺之后，我就后悔当初没把院子开设得更大一点了。我把一半的土地、特别是向阳的土地都建成了停车场。"

于是，考虑到地栽面积较小，主人就想改用头顶的空间从事园艺活动了。"用藤蔓架和铁丝网牵引藤本月季或铁线莲的话，庭院的上空就会开满鲜花。"

可是，主人在尝试第一次动手改造时，就遇到了下面的新问题。

制作藤蔓架，构成鲜花盛开的美景

1 在 16m² 的庭院里，如果用藤蔓架让"曼宁顿"蔷薇花开枝头的话，就会让人觉得此花比直立性蔷薇开的花还要多。 **2** 为了防范上州有名的干风而设置的百叶栅栏可以遮挡外人窥探的视线，这样的设置让庭院变成了富有情趣的秘密花园。

令人印象深刻的蓝色藤蔓架是在《打造月季花园》（世界文化社刊·难波光江著）的启发下制作而成的。

"冬天会刮起被称为'落山风'的干风，我知道这样的风会穿透西边的庭院。在我从事园艺活动之前，对干风是没什么概念的，但这种风是会冻伤花卉的。"

既然已经竖起了藤蔓架、牵拉起了月季，就必须尽快改善这个问题了。于是，为了挡风，主人就在风口处设置了一个仓库。

"我组装了配套的杂货间，把它设在了院子的北方，但最终还是会遭遇强风。于是，我就又增加了一道木制的百叶窗栅栏，将之围在了庭院的栅栏上，还栽种了能防风的常绿树。"

可自从庭院变成了月季花园后，我就非常介意那个带棚顶的汽车棚了。

"那个汽车棚太显眼了，院子里的氛围都被它破坏掉了。"在和家人商量后，主人拆除了汽车棚，又修建了仓库一样的小屋。

"藤蔓架和小仓库都是衬托花草的重要配角。成为新看点的它们是我家院子里不可或缺的存在。"

白色的板墙映衬着颜色鲜艳的月季，仓库还能作自行车车库使用。"这里是我家的焦点。"

混凝土路面变成了养花箱花园

在花园仓库前用花盆养花的 K 先生说道："我总想着把停车场的水泥路面揭掉。"

他竖起了带长椅的白色板墙，又把藤本月季"列奥纳多·达·芬奇"，以及铁线莲"紫子丸""约瑟芬"等牵引其上。

虽然 K 先生克服了庭院狭窄、寒风侵袭等各种问题，但也不得不在种花方面费尽心机。

"我是因为栽种月季才着手打造庭院的，所以我也读了好几本关于月季养护方面的书，花了好几年的时间才弄懂了月季的养护方法。"

院子里的土不适合栽花，所以他就通过加入赤玉土、腐叶土、稻壳炭的方式改良了土质。

"为了给月季配上铁线莲，我在月季根处种上了铁线莲的花苗。但铁线莲的根覆盖住了月季的根，影响了月季的生长。我的失败可谓不计其数。"

尽管如此，并没有放弃园艺活动的他说道："这是因为花草可以安抚人的精神。5 月时，一看到像宝石一样绽放的花朵，我的心情就特别激动。"

主人在家居中心找了一种可以用来做枝条牵引的钢丝网，又找到了柔软的铜线，把它弯成 S 形，在不损坏铜线的情况下牵引藤蔓。就这样，主人对花草的感情也与日俱增，他把花草当成了自己的孩子来善待。

"回想起来，我是在 10 年前开始打造庭院的，我还开了个中意的园艺商店。我出门旅行也会以赏花游园为

1 在竖格子栅栏上安装铁丝网，使用弯曲成 S 形的铜线牵拉月季"皮埃尔·德·龙萨"。 **2** 覆盖上必不可少的马粪堆肥。"盆栽也能开得很漂亮。"

玄关处满了藤本月季"宝藏"、"保罗的喜马拉雅麝香"。"除了藤本月季，我都是用花盆养花的。"

目的。"

　　他和家人们一起去野营时，也是以赏花为主的。他笑着说："自从开始养花后，花就成了我的生活重心。"

　　K 先生最为憧憬的并不是月季花开的 5 月，而是孕蕾的 4 月。"我几乎不使用农药，所以当月季能平安地萌发新芽、增添花蕾时，我就能确定它今年会长得很好了，这才是我最高兴的时候。因为这也是我照顾它一年，它回报我的一瞬间。"

　　这样的一刻真比看到繁花似锦的场景还要让他心满意足呢。到了等待已久的 5 月，当他站在蓝色的藤蔓架下时，他最喜欢的"曼宁顿"蔷薇、"吉卜赛男孩"月季等就像瀑布一样从天而降。华美壮观的月季其实是在向 K 先生的辛劳付出道谢呢。

Message
小贴士

我家的院子真的很小。但如果竖起藤蔓架，牵拉起藤本月季和铁线莲的话，花朵就会在空中盛开。另外，即使能地栽的空间很少，也可以直接把月季栽种在花盆里进行牵拉，所以我非常推荐使用藤蔓架。而且，种在花盆里就不用担心乱生的根会致使其他植物枯萎了。如果能牵拉起几种花期不同的花，也能延长赏花的时间。如果不想让花朵太过显眼，也可以在花盆前放置些杂货加以遮挡。

花园规划
GARDEN PLAN

打造庭院应该先从哪个方面着手呢？因为你的对象是有生命的植物，所以造园如果没有计划，那么前景确实堪忧。只要有了造园的具体设想，就可以循序渐进地开始做准备工作了。

步骤 1

让我们先来找个范本吧

出于"我想让我家的院子变得更漂亮！""我希望生活在绿意盎然的环境中"等想法而阅读本书的各位朋友们：你们想要打造个什么样的庭院呢，你们有具体的构想吗？为了不伤害植物，在开始栽种植物之前，请先做个具体的计划吧。以本书刊登的照片为范本，你可以在园艺书中写下"我想建造这样的庭院"的想法，也可以去开放式花园寻找灵感。请先让你的设想变得丰满起来。

步骤 2

确定在院子里的活动

你想用院子做些什么呢？想打造一个开放式花园，想设立一个咖啡角，想开辟一露天采摘农场，想为孩子和宠物建造一个能够供其玩耍的地方，想支起一个热热闹闹的烧烤摊……要根据目的采取相应的行动。另外，院子里也可以设立停车场或自行车棚。庭院并不是一个人的所有物。创建时也要听取并总结家人的意见。为了方便日后让家人帮你浇水或制作些什么，家人们的意见也是很重要的。

步骤 3

把花园画成图

请尽量正确地测量庭院的尺寸。不仅是庭院的面积，还要掌握庭院的形状、方位、与隔壁建筑物的位置关系，把这些正确地画在图纸上，参考盖房子时的图样会相对方便些。接下来，请在这张图上画出适合铺设小路的地方和栽种草坪的地方。此时，色彩鲜艳的绘图更容易让人产生深刻的印象。这个图样要反复画上 10 几张，并务必仔细检查。

步骤 **4**

设想具体想要增加的东西

在确定了具体的位置后，你就知道该怎样在院子里施工了。首先决定庭院的基色。映衬植物的叶片和花朵的背景，如板墙和栅栏等物体的颜色会在很大程度上影响庭院的形象。请在图纸上画出基色，再画出重点色。可以根据以上着色确定小路、树桩、栅栏的颜色和材料。特别需要注意的是：构筑物要选用不易腐烂的材料。

步骤 **5**

选择植物

终于轮到植物出场了。先来确定能成为庭院象征物的树木，也就是主树。请不要认为小庭院就不需要主树了。正因为空间狭小，所以至少要栽种一棵能让庭院看起来更加立体的主树。其次，要根据日照条件来决定栽种在每个区域的花草。不要放过任何空隙，把它们都变成园艺空间吧。最后，用地被植物彻底覆盖土表的空间，这样，前期规划就完成了。接下来就可以开始打造庭院了！

第2章

你家一定也有一个『小花园』

玄关、狭长的空间、停车场、墙面、楼梯等

G 地面
▶▶▶ P. 46

不存在绝无种植空间的用地。低头看看脚下，也许就能看到一点泥土。即使是极小的空间，植物的存在感也能改变庭院的形象。

H 借景
▶▶▶ P. 47

稍微改变一下视角，把附近的庭院和周围的山林也纳入你的庭院吧。借景是最省力的观景方法。当然，也要从窗户尽情欣赏自家的庭院。

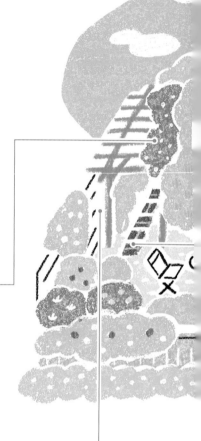

F 后院
▶▶▶ P. 44

你在盖房子时也许会把后院当成储物仓库吧。后院的光照条件一定不是很好吧。可即便如此，只要你能选对植物，也一样可以把它变成一个小庭院。

D 墙面、栅栏
▶▶▶ P. 38

墙面就是画布！让藤本植物自由地勾勒出"庭院"的轮廓。植物的力量可以让你家与邻居家之间的边界或墙壁变得十分惊艳。用网格隔板划分庭院会让庭院变得井然有序。

请环顾一下你家里的各个角落。实际上，可以构成花坛和"小庭院"的空间比比皆是。本章为你介绍的是即便在狭小的空间里也能享受园艺乐趣的"小庭院"。小庭院不光能让你感受到侍弄花草、观赏美景的乐趣，还会让你感觉庭院变得更大了！你家一定也能打造出这种"小庭院"的。请找到打造庭院的灵感吧。

C　停车场、汽车棚
▶▶▶ P. 34

停车场大多位于方便汽车出入的房子的正面，它是造园的瓶颈。而且，停车场的地面是用水泥铺设的。但你还是可以在它两侧的墙面上做做文章的！

E　台阶
▶▶▶ P. 42

台阶也是不容错过的"小庭院"候选区。不仅可以在台阶的两侧放花盆，还可以让藤本植物爬上墙面，也可以在台阶和踏面等稍微能窥见些土地的部分进行种植。

B　小路、园路、狭长的空间
▶▶▶ P. 30

如果只把和邻居家之间的窄缝当作通道就太可惜了。可以设立藤蔓架，把观赏视线向上牵拉，这样做可以让这里看上去很宽阔。若铺上小路，这里就能变成一个有纵深感的地带了。

A　玄关、小路、前花园
▶▶▶ P. 26

玄关周边是家的门面，因为过往的行人也能看到此处，所以不能在装修这里时偷工减料。门柱周围、小路的两边、墙面等都可以吸引路人的眼球。用杂货也能表现出立体效果。

玄关、小路、前花园

治愈家人，迎接客人，取悦行人的空间

极小的空间 × 大花台

栽种了 13 年绿植和鲜花的玄关前庭。绿植几乎覆盖了砖墙。要错落有致地悬挂花盆，消除砖墙的呆板感。

在玄关门廊处大胆地用小货车做的有质感的展示台。正因为空间有限，所以才要放置体积大的小家具，让绿意充满庭院。

这是玄关周边。竖起白色的板壁，让薜荔和月季爬行其上，让行人也能体验到园艺的快乐。此外，还可以在打印机托盘杂货架上装饰一些杂货，以便增添趣味。

利用墙壁提升高度

在楼梯旁和停车场旁这些极其有限的空间内，种植些有存在感的混栽植物就会给人一种郁郁葱葱的印象。

> 供行人观赏的多肉植物花园

这是遍布多肉植物的前花园。在照片左侧的树根凹陷处，把耐寒性强的长生草属多肉植物栽种在定栽土中。

设计没有栅栏的前花园时，不光要让绿植迎接访客，也要使其取悦行人。

> 让绿植和鲜花常伴左右

> 把花盆放在一起，营造出地栽的效果

用早春的丁香花，初夏的木香花和薰衣草，以及四季常绿的植物和多彩的花朵来点缀玄关周围。

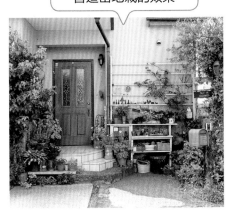

玄关周围大多没有土地，所以要多放一些盆栽花。可以把花盆集中放在一起，再用杂货自然地遮掩起花盆，乍一看，这里的布景就像地栽一样。可以参考这种技巧装饰玄关。

若是没有土地，则可以把花盆
摆在一起来营造绿意

竖起拱门，栽种藤本植物

门柱周围摆放着锈迹斑斑的椅子和个性十足的花盆。主人特地将不同造型的花盆错落地摆放在一起，打造出了引人注目的展台。从这里可以隐约看到后方的月季花坛。

主人特地在停车场里侧设置了拱门，以便打造秘密花园。只要穿过缠绕着木香花和葡萄的拱门，就能进入被栅栏包围起来的小庭院了。

　　从大门到通往玄关的小路、前花园、玄关周围，都是从屋外也能看到的地方。这些地方的装饰可以表现出主人的品位，它既是自家的脸面，也有点缀街道的公益效果。

　　正因为如此，这一带必须要保持花叶常新。但是，用混凝土铺成的路面上少有泥土，有的路面甚至完全没有泥土，摆放在那里的多是养花箱和花盆。把当季的花草混栽在花盆或花箱中打造迷你庭院，这不仅会让此处变得更为华美，就连路过的行人也能感受到主人对绿植的热爱。如果按照开花顺序替换处于花期的盆栽花，那么此处也会成为一年到头花开不断的绝美角落。

　　另外，务必给包围前花园的栅栏留出缝隙。密不透风的高墙会给人一种憋闷的印象，而有缝隙的低矮板墙或金属栅栏反而会给人一种开阔的感觉。可以在那里栽种能探头出来的树木花卉，树立拱门，让藤本月季和铁线莲攀爬其上，使之变成一个花叶交相辉映的大门。这样的设计能引发人们对庭院内部草木葳蕤的遐想。

只有园中人才能观赏到的美景

位于玄关前的花园是只有来访者才能观赏到的地栽花坛。以橄榄树为主树的院子里种植了十多种花草。用竖起来的枕木和大轮子可以提升高度。

较高的杂货要放在门柱边

在玄关前，用生锈的钢丝架和油桶等围住邮筒。置物架既可以摆放花盆，也可以化身成展示台。把碎石子铺在地面可以抑制杂草的生长。

可以根据季节替换盆栽

让人从1m多高的板墙外窥视到植物

房子的白墙、溢出来的绿植、鲜艳的蓝色栅栏，这样的组合非常漂亮。正因为这是个四季都能看到植物的庭院，为了让行人也能感受到园艺的乐趣，所以要把栅栏做得低一些。

在以大门为起点的小路旁种上花草树木，会让植物看上去更加紧凑。其实，这些植物大部分都不是地栽，而是种在养花箱里的。由于此地经常刮强风，所以主人便放弃了地栽，而是频繁地把处于花期的盆栽花摆在前面。

小路、园路、狭长的空间

把光照不良的狭长地带变成看点

把与邻居家的缝隙变成普罗旺斯的森林

为了营造出悠闲的法国南部地区·普罗旺斯的氛围，可以挂上白色的衣物。洗完晾起来的衣服竟然能成为花园的小装饰！小路是天然的土路，这样更有自然情趣。白色的板墙可以保护隐私，用旧厨具来装饰自然的环境。

路上看不见的地方才是展示造园本领的所在

蓝色的古风门板也起到了提升庭院氛围的作用。主人用小路、藤蔓架、木香花让小院充满了普罗旺斯风情。从打造庭院时起，主人只用了5年时间就把庭院建设成了图中的样子。

每次穿过小路都能观赏到的藤蔓架

在通往庭院的小路上有个主人亲手打造的藤蔓架。覆盖住藤蔓架的是花色金黄的木香花。小路与藤蔓架搭配得相得益彰。藤蔓架能让人向上看，勾起访客的期待感。

用胶合板和白水泥砌成围墙遮住邻居家

建一堵用胶合板和白水泥打造的围墙。这堵墙不仅能遮住邻居家，还可以在其下方砌一个红砖花坛。

到处都体现着让人不觉得这是个小庭院的创意与匠心，无论看向哪里，都令人赏心悦目。据说，主人栽种的都是些不必费心打理的植物。 **1** 在面向道路的板墙上设些小窗格，这样就消除了板墙的呆板感。 **2** 用黄色石头围起来的地栽迷你花坛。把花色统一为绿色与紫色的搭配。 **3** 金合欢树下的车轮和鸟窝让人仿若置身于童话世界。

在光照不良处栽种绣球

用红砖小路和藤蔓架把面积狭小的空间变成绣球交相辉映的花园。绣球是能够在背阴处创造出华美景致的珍贵植物。

路旁绿植出墙来

1 在栅栏边栽种黑莓和山莓。　**2** 被牵拉到栅栏上，开得像溢出来一样的花是西番莲。此花形似表盘，因而日本人也叫它"时钟草"。

用曲线表现小路的纵深感

小路是让细长的庭院看起来比实际面积更加宽敞的造园手段之一。曲线柔缓的小路更能酝酿出纵深感来。因为这里是不容易晒到太阳的北面，所以主人种植了些喜阴的绣球等植物。

　　房屋的周围和通道之间，围墙和道路之间的狭长空间经常因为太过狭窄而被弃之不用。但这样做就太可惜了。只要加一点土，就能把这里改建成一个"小庭院"。

　　在将狭窄细长的空间改建成花园时，不宜在此处栽种植株高大的树木花草，大型植物会把这种地方衬托得更加狭窄。栽种灌木和低矮的植物可以保证光照，让狭窄的空间充满阳光，变得明亮宽敞。

　　同样是造园材料，比起大块石砖、石材，小巧的花岗岩和砖块更适合应用在小庭院中。通道不要设成直线形，要设成 S 形。这样的路线能产生透视感，让人感受到庭院的纵深度。

　　另外，因为房屋周围的面积较为狭窄，所以此处大多难以进行园艺活动，建议降低这些地方的保养频度。如果栽种景天属植物、百里香等生命力强健的常绿植物，就能把这里打造成全年常绿的空间。

把路边区域变成
"小庭院"

狭长庭院就是路旁的一小块空间。如果栽种可自播种的植物，那么后期不用花费太多的心思，植物也能茁壮成长。推荐栽种喜阳的芳香植物和健壮的多年生草本植物。

亲手打造通往
后院的小路

在通往后院的两墙之间的狭窄通道上，主人亲手把一块块的红砖铺成了一条小路。种在那里的是花色由白变紫的素馨叶白英。

路径越窄，花草就越茂盛

在高大的花草和藤本月季间穿行，就能到达里边的露台。前面的紫色月季是"蓝色香水"。里边开着黄花、花形美丽的是"金边"。

①

狭窄的庭院也能
移步换景

②

换个角度来看，狭窄的庭院就会变成宽敞的庭院，所以要注重构思从窗户看到的景色。 ① 原本放在室内的橱柜变成了收纳柜兼展示台。 ② 从起居室眺望图1的小庭院，就能看到一个宽敞的月季花园。

注意！ 打造小路的方法参见P.102~109

停车场、汽车棚

要方便汽车和自行车的进出

车子一开走，就能欣赏到遍地花草、令人神往的停车场花园了。种在地上的是能从夏天开到秋天的锥托泽兰。板墙是施工队修建的。

> 车从停车场开走后的巨变式视觉冲击也是一大看点

主要种植的常绿植物、花期长的植物和多肉植物共有 100 多种。栽种时务必要注意须为停车提供方便。

停车场几乎都是水泥路面。主人在之前设置的围栏上搭上了木板，吊起了植物。

等待被混栽的
多肉植物

本创意是为了在停车场这一有限空间内展示等待出场的植物。放在这个架子上的都是些多肉植物。在不久的将来，主人会把它们进行混栽或地栽。

把植物和杂货立体地摆放在一起

1 在停车场旁边这种极小的空间里，要多多利用不会遮挡视线的钢丝和铁架子来摆放杂货和植物。 2 让常春藤和锥托泽兰缠绕在高 165cm 的拱形铁架上。锥托泽兰是耐寒性多年生草本植物，株高 0.5~2m，是种下之后就不用费心管理的首选花草。

水泥地面和石阶
之间的缝隙也是
个"小庭院"

水泥路面的边缘生长着用溅落的种子培育出的蛇莓。蛇莓是通过爬在地面上的匍匐茎繁殖生长的。4—6月之间，蛇莓会开放花径为 1.5cm 左右的黄色小花。

不要错过宽 50cm 长 2m 的缝隙

阶梯式地铺设红砖，打造花台

左图对面是用砖块砌成的阶梯状的多肉植物展示台。旧物花盆看起来别有一番韵味。

在与邻居的交界处，用竖起的板墙搭建的花坛是个宽 50cm、长 2m 的狭长空间。只用一盆养了 8 年的藤本月季就能开出如此美丽的鲜花。花谢后，要对上下伸展的藤蔓进行修剪，让花横向生长。

巧用阴影

立水栓 + 砖台

在枕木上安装水龙头制成的立水栓（P.92）的旁边还竖着一个破旧的砖台。砖台虽然很小，但也能展现出一定的高度。

上图的砖墙上自然地靠着一只旧车轮，它与对面的板墙相映成趣，呈现出了统一的美感。映在地面上的植物阴影也很是美丽。

也可以把停车场彻底变成庭院

在地上铺上小石子和枕木，把停车场
彻底变成庭院。围在白色栅栏上的是
藤本月季"日光港"和蔷薇。栽种在
养花箱里的是芳香植物。

1 家正面的停车场完美地变成了小型花园。
2 篱笆上有蓝羊茅。它泛青的银白色细长
叶片茂密地长成了一团，就像扎在一起的
银针一样。因为它是常绿植物，所以很适
合点缀冬季的花坛。

  停车场和汽车棚也是很好的园艺空间。如果今后你要修建停车场的话，也可以试着留下一部分泥土，用它来
建造一个小庭院。

  在停车场和房屋以及栅栏之间的狭长土地上，用砖瓦和砖块砌成抬高苗床（上升式花坛），若再设起个栅栏，
那么这里就变成盛开着藤本月季和茉莉花的围墙花园了。除了鲜花，彩色叶片的观叶植物的搭配也很赞。如果停
车场的日照条件不好，也可以因地制宜地栽种些耐阴性强、叶色丰富的矾根。

  如果只将车轮会经过的地方铺成水泥路面，那么就能增大停车场的园艺面积了。可以栽种些能够赏花的低矮
地被植物姬岩垂草或铜锤玉带草。

  认为"我已经把路面全都铺完了，不可能再搞园艺了"的朋友也不必灰心。可以竖起网格门或板墙，通过吊
盆植物来装点空间。只要在不妨碍停车的地方设计出一个能够摆放杂货或垒起仿古砖的角落，就可以灵活地把它
变成放置盆栽和多肉植物混栽的展示舞台。

37

墙面、栅栏

以墙面为背景，用板墙增加高度

让墙壁做画布，选用格状架＋月季

藤蔓架（格状架）可供藤本花卉和爬山虎攀爬。如果将其竖在墙面上，植物就会表现得更加戏剧化。　**1** 结实易养、适合新手栽种的是月季"安吉拉"。　**2** 这是拱门 × 格状架 × 月季的完美组合。爬在架子上的月季是"芽衣"。

梯子不仅是工具，也是展现庭院魅力的小道具

墙壁 × 梯子 × 藤本植物也是人气组合。　**1** 白色月季"约克市"是易于在墙面和栅栏上攀爬的品种。也可以让藤本月季爬在梯子上。**2** 这个板墙是为了遮挡储物间而设置的。再配上一把梯子，就能成功地营造出古朴的气氛了。

让藤本月季在窗口环绕

藤本月季如点睛之笔般地把外墙装饰得又鲜艳又靓丽。窗户周围是粉红色的大花月季"西班牙美女"。照片右边的拱门上是粉色的"安吉拉"和白色的"夏雪"。

39

让白墙成为画布

让藤本植物自由地绘制曲线

平平的白墙最适合化身成为展示小院的舞台。立起车轮、设置长椅，把这里打造成一个精致的角落。这里是停车场和墙壁之间的狭小空间。

让藤本月季攀爬在与邻居家交界处的围栏上。牵拉是培育藤本植物时最见功夫的园艺作业。即使藤蔓生长的曲线超出了预计的轨道，也一样会显得别有韵味，这也是牵拉藤本植物的一大魅力。

　　这是用栅栏和墙壁打造的围墙花园。把墙面当成画布，像画画一样地设计花草，这是造园的重点。

　　先来选定植物。与栅栏和板墙相配的最佳植物藤本月季可根据牵拉方式来填补墙面的空白，也可以用其绘制美丽花枝的曲线。

　　想要对植物进行人为干预是很困难的，但我们可以选择栽种以花期长、富有自然风韵等特点而受人喜爱的铁线莲。如果想要观赏色香俱全的鲜花，也可以栽种忍冬。能带给人们收获喜悦的是黑莓和葡萄。请根据花园的风格来选择植物。

　　另外，还可以安装栅栏和板墙，在跟前放置铁架子。这样就能把汽车棚装饰成一个花草烂漫的园地了。除了传统的陶盆，还可以把铁罐子改造成有阳刚之气的花盆，并用瓦盆营造出朴素的氛围。可以根据偏好来选择盆栽花，通过装饰和培育花草来体验园艺的乐趣。

　　建议在花盆里栽种芳香植物和小番茄等蔬菜，打造通风良好、适合蔬菜生长的立体式厨房花园。

遮蔽用板墙也是月季的展示台

在建造保护隐私的屏风墙时，如果能栽种些植物的话，那么板墙也能变得如目之所见般华美动人。

用网状栅栏保持良好的通风

网状栅栏虽然乍一看似乎毫无特色，但却有着很好的通风性，在它周围很适合栽种植物。也可以在这样的栅栏上挂上架子和花盆。

板墙 × 铁架

在小路和庭院之间更有必要设立起高大的板墙。在搭起铁架后，可用应季花草来做点缀。

牵拉初期可用花盆做遮挡物

牵拉初期围栏会全部露出来。虽然可以用花盆或杂货做遮挡物，但这种时候更应该选择有设计感的格状架。

41

E

台阶

大胆地把植物种在台阶两边和阶面上

在只能接受午后阳光照射的台阶处打造一个小院子。为让植物尽情地享受日光浴，主人设置了板壁、藤蔓架和拱门。最终，主人打造出来的是一个四季常绿的阶梯花园。

种植多肉植物

多肉植物景天非常健壮，地栽时并不需要太多的水肥，所以它常被用于绿化屋顶和地面。即使在石阶狭窄的缝隙中，景天也能茁壮成长。

更换台阶旁边的土，种上玉簪、蕨类植物、薜荔等耐阴的植物。为了沐浴阳光，当株高超过 60cm 时，就要对其进行修剪，以便保持适宜其生长的良好环境。

在半天光照的环境中栽种耐阴植物

浇水也要费心

因为很多台阶远离水管，所以浇水是较为辛苦的作业。为了解决这个问题，我们研制出了一种自动浇水机，可以通过贴着地面设置的黑色软管完成浇水作业。

越是短小的台阶，越要用植物来表现魅力

不要认为只能用盆花来装点 3~5 级的短小台阶，因而放弃这处空间。如果将台阶两旁用植物点缀得绿意融融的，那么小空间也一样能够让人感受到如故事般的美好。

可用台阶来划分院子里的各个角落

如果庭院里有茶座区、多肉植物区、家庭菜园等多个不同主题的小庭院，就可以用台阶来划分区域。完全不同的主题更能提升庭院的戏剧性氛围。

　　通往庭院位置较低的下沉花园的台阶和通往玄关的台阶起伏有致，有着移步换景的效果，是打造个性花园的绝佳场所。

　　最常见也最简单的方法是在台阶旁边摆放花盆。即便被墙壁包围、台阶的日照条件不好，养盆栽花也是没有问题的。如果选择的是可种在树下的大吴风草、玉簪、铁筷子，那么它们就会长得很健壮。如果想要获得明亮的视觉效果，则可以选择带有斑点的叶片和开着白色或黄色花朵的品种。

　　每上一步台阶都要让景色有所变化。把体量较大的植物和拱门等高大的装饰设置在近前，把较小的植栽和杂货摆在台阶上，这样就能凸显透视感，让人对走上台阶充满期待。

　　另外，务必要注意台阶花园的安全性。如果在台阶旁边培育落叶植物，为了不被落叶绊倒，必须及时清扫。并且，要在植物成为路障前对其进行定期修剪，频频维护也是十分必要的。

F

后院

只有家人和座上宾才能观赏到的秘密园地

前院打造为纯日式庭院，后院可根据喜好自由发挥

1 这是在两代人共住的宅院中经常能听到的例子，前院的日式庭院已经完工，无法再改动了。这种时候，干脆就把后院改造成自己喜爱的风格迥异的庭院好了。　**2** 建立板墙，与日式庭院隔开。装饰上杂货，享受展示爱物的乐趣。

绣球是阴面庭院的救世主。在昏暗的庭院里，绣球绽放着蓝、紫、粉等色彩缤纷的花朵。最近，此花花苗的价格也比较亲民。

这是一条由玉簪等耐阴植物构成的别致小路。石壁和围墙都是委托施工队修建的，主人把精力都投入到了对植物的种植和修剪上。

爬在后院小屋上的粉红色藤本月季是"芽衣"。此花每年都在成长，现在已经覆盖住了墙壁。

装点能瞥见的地方就可以打造出精彩的庭院

后院并不是完全隐藏起来的，有的部分还是能看到的。如果不能把后院种满绿植，那么只美化能看得见的地方也是可以的。

随意摆设物品才会让后院的景致看上去更有灵性

"只是放着而已"，把这些随意放置的杂货点缀成画，才是修饰后院的神来之笔。可选用旧货来装饰庭院。

不要介意别人的目光，令人放松身心也是后院的好处

提升通往后院小路的期待值

通往后院的小路也能烘托气氛。特地增设些平缓的弯路可以提升对小路的期待值。

与前花园不同，在后院基本不用在意别人的目光，可以躺在吊床上消磨时间，也可以在茶座区放松身心。

　　大多数光照不佳的后院会被当作存放器物或闲置物的地方。如果能把只有家人和座上宾才能看到的隐私空间变成秘密花园，那就太棒了。

　　首先，不要以日照不佳为由放弃栽种植物，这种想法太保守了。有很多植物不喜欢强烈的阳光和酷暑，反而在背阴处和只有半天光照的地方会长得更加茁壮。比如，花朵五色斑斓的绣球，它就格外喜欢潮湿的土壤。地被植物千叶兰也在只有半天光照的地方才会长得很好。

　　如果是较为阴凉的地方，就要选择耐阴的植物。如果在邻居家的建筑物旁或终日处于阴凉的环境中，就要选择能观赏到大叶片的植物。

地面

不放过任何缝隙，覆盖土表的好办法

铺上核桃壳

撒上天然的覆盖素材核桃壳。核桃壳不仅外观好看，还有缓和温差、防止溅泥、保湿等效果。

栽种多肉植物

因为这里的冬天会下雪，所以要选地栽也可过冬的长生花（P.121）作为地被植物。

在铺路石的缝隙中栽种绿植

小路和铺路石的缝隙正好适合栽植。种上地被植物（P.124），完全覆盖土面。

种植生命力强大的植物

为了填补砖块之间的空隙而种植的景天，它是非常优秀的地被植物，不需要费心打理。

　　要想让小庭院看起来像森林一样的诀窍就是彻底覆盖土表。如果脚下露出泥土，请立刻用素材将之覆盖。看不见泥土也能提升视觉效果，空间会意外地变成绿意盎然的所在。

　　在小庭院里也能找到极其狭窄的地面。在与邻居家的交界处或建在路旁的栅栏、围墙的内侧、庭院主树的下方，环顾一下这些地方是否有露出来的泥土呢？

　　一般来说，种植地被植物（P.124）是最有效的方法。地被植物是耐阴的植物。你也可以把花盆集中起来打造养花箱花园。勤换各种盆花既能防止植物日照不足，又能保持新鲜感。建议将杂货和多肉植物组合在一起，享受混栽的乐趣。

　　树木的根部，特别是落叶树的根部，从秋天到初春的落叶期，阳光是容易照射到树根的。可以在树下种植能在落叶树长出叶片之前开花的植物。如果叶片茂盛的话，用喜欢半天光照的彩叶植物来点缀树下也会很漂亮。

H

借景

除了自家花园，也要把外景纳入其中

悠然见南山，像住在山庄里一样

这里是为了能望见后山而设置的露台。除了在墙头放置花盆，还可以让葡萄藤爬行其上，以便使之与自然环境融为一体。

窗外的景色也能把餐桌点缀得活色生香

打开折叠门，这里是能看到自家露台、借景对面公园的餐厅。此处绿意盎然，全然不似阴面房间。

在遮挡视线的板墙上开一扇小窗

在遮挡外界的板墙上开一扇小窗。这样就能把墙壁外边的绿意纳入自家的庭院了。悬挂的油灯也很有韵味。

可以在做家务的空档看一眼令人心旷神怡的绿色

为了能在做家务的空档看到绿色，主人把这里改成了厨房。隔着窗格看到的庭院有着有别于身在此山中时的新鲜感。

在规划庭院时，请注意窗外的景色。亲友相聚时，从客厅窗户看到的庭院风貌是能表现出主人品位的重要元素。若在窗外集中设置拱门或藤蔓架，即使其他地方还没有打理，人们也能尽早观赏到华丽的美景。

如果窗外有一条小路，隔着窗户从侧面看的话，就不会觉得路面很窄。在铺设小路时，也要注意从窗口看去的效果。

说来，最省力的造园或许就是借景了。从窗户也能看到邻居家漂亮的庭院和周围的山林，就像造园一样，这样也能欣赏到绿意融融的美景。

花 园 日 历
GARDENING CALENDAR

好不容易打造的小庭院如果在入冬后便悄然枯寂，那就太可惜了。就像四季的花卉会在一年中如期依次绽放一样，请参考这个图表来打理庭院吧。

	1月	2月	3月	4月	5月
春播一年生草本植物 （百日草等）			播种期	定植期	
秋播一年生草本植物 （三色堇等）	定植期（严寒期除外） 开花期				
二年生草本植物 （毛地黄）		定植期		播种期 开花期	
春季绽放的宿根植物 （多年生草本植物） （铁筷子等）	开花期		定植期	播种期	
秋季绽放的宿根植物 （多年生草本植物） （秋牡丹）			播种＆定植期		
果树 （栽种蓝莓的时期）	定植期 施寒肥			开花期	
花树（常绿树） （直立型迷迭香）	施寒肥 开花期			定植期	
花树（落叶树） （栽种大花四照花的时期）	施寒肥 定植期				开花期

※ 这个日历是以日本关东～关西的气候为基准来编写的。

为了让庭院全年常绿、充满生机，就必须要注意花草的搭配和移栽的时机。具备这些知识就能让庭院全年保持赏心悦目的状态了。

首先，请确定庭院的四季风格。既耐寒又耐热的灌木和宿根草是庭院的基本植物。这样的植物全年都可以放手不管。如果把有存在感的植物种在里边，那么等它长大了也会方便打理。其次，为了应对影响花园的酷暑和严寒，应种植生长期在从夏天到秋天，从晚秋到次年春天开花的一年生草本植物。这种花的花期很长，可以好好欣赏。

只要有宿根植物和一年生草本植物，那么庭院基本上全年都会处于繁花似锦的状态。但是，如果只种这种植物的话，那么一成不变的景色也会令人产生审美疲劳的。为了制造出变化来，就需要栽种些有季节感的植物。即使有的植物花期很短，也要栽种些颜色和姿态与季节相应的植物。

园艺指导书中通常会刊载以培育时期为基准的日历。但是，对于小花园来说，开花期也是同样重要的。

6月	7月	8月	9月	10月	11月	12月

开花期

播种期 | 定植期（严寒期除外）
开花期

播种期 | 定植期

播种期
定植期

开花期

定植期
收获期 | 红叶

嫁接 | 开花期

定植期
红叶

园艺用土的基础问答

Q 什么是"好土"?

A 造园不可缺少"好土"。"好土"是指利于植物的根生长的土壤。具体来说,就是能够把氧气顺利地输送给植物、排水性良好、通气性强的土壤。不过,要是让珍贵的水分和肥料都流失掉,那么上述性质就没有意义了,所以好土应具备能适度保留水肥的性质。而且,能够称之为"好土"的土壤还应具备下列条件:无病原菌侵害,能让微生物等积极地发挥作用,含有腐叶土和堆肥等有机物等。

这种"好土"是可以人工调配的。就像盆栽时往盆底加石子和肥料一样,请改良地栽用的土壤吧。

Q 怎样测试"好土"?

A 你院子里的土壤对植物来说是"好土"吗?为了认清土质,让我们先来做个简单的实验吧。

首先,从院子里取来少许土壤,把它捏成圆形饭团或泥球的形状。如果泥球能捏成规整的球形,而且只要轻轻一戳就会碎掉的话,那么这种土壤就是"好土"了。

如果土壤不能捏成球形,就说明土壤偏沙质,其保水性和保肥性相对较差。

如果能把土壤捏成球形,但戳其表面土球也不会破碎的话,则说明土壤黏性较高。因为此类土壤的透气性和排水性较差,所以需要改良。

Q 化学肥料和有机肥料哪个更好?

A 从结论来说,这两种肥料各有千秋。化学肥料被比喻成保健品,有机肥料被比喻成中药。请根据使用时机和目的对二者区分使用。

首先,有机肥料是用天然的原材料和方法制作的。它的原材料是牛粪、鸡粪、骨粉(动物的骨头渣)、油渣(油菜等榨油后剩下的残渣)等物。有机肥料适合做在种植植物之前预先施于土壤中的"基肥"。

化学肥料是化学合成的肥料,市场上销售的大部分肥料都是这种肥料。此类肥料宜促进植物发芽和株体恢复,适合做根据植物的成长状况而施加的"追肥"。

第3章

没有泥土也能享有『庭院』

用养花箱把阳台变成绿洲

正如第二章介绍的"小庭院"那样，阳台也是不能错过的绿化角。如能巧妙运用花盆和养花箱，那么即便没有土地，也是一样能打造出绿意盎然的场所的。计算日照的时间，采取防风措施，选择在阳台上也能长得很好的植物。阳台不仅能消磨时光，当主人从室内眺望阳台时，也一定会因为眼前的美景而感到很欣慰吧。

在阳台上铺设草坪的绿化效果出类拔萃

1 园主们都渴望拥有一块草坪。如果在阳台上铺上人工草坪，那么就能轻而易举地获得一块绿毯了。 **2** 对面的半个空间是晾衣间等生活区。近处摆放椅子和桌子的地方是休息区。 **3** 因为有了人工草坪，反光也减弱了，这样的环境更利于植物生长。

可以用成排的木板做栅栏来保护隐私

用砖墙给庭院增添情趣

1 独栋的阳台可以选用砖墙风格。 **2** 绿色 × 杂货的组合是阳台园艺的精髓所在。与庭院相比，因为阳台受风雨的影响较小，所以可以享受展示杂货的乐趣。

用竖起来的木板排制作栅栏和遮阳棚，以便保护隐私不被侵犯。让木板间保持适当的距离既可以让阳光温柔地照射进来，也会让植物生长得更加健康。

S 先生家的阳台在两代人共居住宅的 2 楼，阳台宽约 0.8m，面积稍窄，载重能力有限。因此，必须严格筛选放在阳台上的植物。主人虽然放弃了摆放绿植，但还是通过在地板上铺设人工草坪的方式弥补了无法摆放绿植的遗憾。

他的另一个创意是用木板设置了栅栏。因为住宅区独栋别墅的阳台很容易被邻居看到，所以竖起栅栏就能保护隐私了。而且，因为木板间有缝隙，所以阳光也能很好地照射到植物上。

主人本想把阳台打造成像森林一样充满绿色的空间，不过，现在这样的设计也是很成功的。主人能在这里做森林浴，享受读书和喝茶的时光。

> 数据
> S 先生的宅邸（神奈川县）
> / 住宅的 2 楼 / 宽约 0.8m/ 南
> 向 / 有 19 年的园艺经验

要考虑从室内看到的景色再进行设计

GARDEN
it's where your heart can b

3a
Covent Garden
ANTIQUES
COLLECTORS
ITEMS

这是从室内向阳台看到的景色。要多多注意从窗口看到的景色效果，再对阳台进行设计。把最好看的景致凸显出来，设置在窗户的正前方。

通过铺设木板把阳台和客厅融为一体

ISHIDA 家阳台地面铺设的是木地板，这让阳台看上去仿若室内。地板的高度也和客厅地面的高度一样，因此阳台就像和室内连起来了一样，这样整体的视觉效果也会变得很开阔。

阳台的另一个特征是：主人摆放的植物多为花少叶多的绿植。虽说这种设计和主人更喜欢观叶植物的偏好有关，但主要也是结合从室内看到的景色设计的。因为主人摆放的都是桉树等常绿植物，所以即便到了冬季，阳台的景致依然翠绿清新。因此，主人全年都能从室内看到水灵的绿植。一般说来，阳台与起居室的距离会比与庭院之间的距离更近一些。要注意从室内看到的景色，并在此基础上决定植物的种类和配置。

把方木铺在阳台上，再在上面铺上木板，使阳台地板的高度与房间地板的高度一致。这样做不仅能提升地面的高度，而且因为木板没有直接铺在地面上，所以地板的排水性也很好。

> **数 据**
> I 先生的宅邸（埼玉县）/ 分售公寓的 7 楼 / 长 5m × 宽 2m/ 南向 / 虽然是高层，但风却并不大。

> 用方木调节高度，让阳台的地板和客厅的地板等高

在室内可见的范围内铺满木板，那么阳台就会与室内融为一体，房间看上去就会显得更加宽敞了。放在窗边的是老式桌椅。如无早班，主人便可以在这里悠闲地度过静好的时光。

要把四季常绿的植物放在从房间里就能看到的地方

这里是让访客们纷纷惊叹"像丛林一样"用植物装扮的阳台。要选择多肉植物和常春藤、橄榄树等四季常绿的植物。
主人说："近年来受气候变暖的影响，对植物来说，越夏比过冬还要困难呢。"

因为不是地栽，所以必须移栽

桉树等数十种植物如果不种在地上，那么其生长就会受到限制，因此，每4年必须给此类植物做一次移栽，这样才能
让阳台常绿不败。据说，梅雨季节的植物最有看头。

利用充足的阳光，即便没有土地，也能感受到收获的快乐

1 竖起枕木，制造出高低有致的角落。这样，太阳就可以照射到放在上面的花盆了。另外，高度差可以让狭小的空间变得更加美丽。 2 这是即将成熟的蓝莓。据说，因为有栗耳短脚鹎飞来啄食，所以主人在日常养护时就给蓝莓罩上了袋子。

充足的阳光让葡萄和浆果果粒丰满

如果条件适合栽培，阳台上也是可以种植葡萄和浆果类植物的。为了不让植物长得过大，要选择中小型品种。另外，注意不要让树枝探出阳台。

黄栌、贝利氏相思、葡萄、5 个品种的 6 棵蓝莓，因为这里栽种着各种树木，所以完全看不出此处是 K 先生家的阳台。春天，三色堇和木香花会竞相绽放。

K 先生把在这里采摘到的花朵一朵朵晒干，再将之亲手制成鲜花蜡烛。到了黄昏时分，他就可以欣赏到摇曳的烛影所营造出的梦幻般的氛围了。

K 先生能在阳台享受到园艺的乐趣，不过，他也需要付出辛苦。因为这里没有水栓，所以浇水很麻烦。另外，他还要考虑公寓整体的整修工程。茁壮成长的盆栽树木在施工期间当然也要摆放在室内。阳台园艺的大前提是要把花盆放在便于移动的地方。

数据
K 先生的宅邸（广岛县）/
分售公寓 8 楼拐角处的房间 /
在约 30m² 的房间中，有三分之一的
空间可用来进行园艺活动 /
主人有 30 年的园艺经验

布局时要注意便于以后的改建施工等撤除作业

虽然是在阳台上,但黄栌和贝利氏相思却长得很健康。它们简直像被种在地上一样,看上去绿油油的。
因为房间位于拐角处,所以网格架也没有挡住逃生路线。

观叶植物给庭院增添了情趣

为了不给楼下添麻烦，可选常绿植物做主角

阳台地板的高度是根据客厅地板的高度设定的。活血丹、千日红等植物的鲜嫩叶片营造出了只有在庭院里才能看到的风情。里面的大树是光蜡树。

乍一看，I先生宅邸的园艺空间并不像个阳台。为了享受园艺的乐趣，他特意找了一个阳光充足、眼前是广阔天空的阳台，并迁居到了这里。

阳台的地板是主人亲手铺设的。主人尽可能地消除了用板墙打造的栅栏等遮挡物的冰冷感。千叶吊兰、常春藤等匍匐性植物都长得十分茁壮，叶片填补了花盆之间的缝隙。这样一来，这里就更像绿意盎然的庭院了。

虽然I先生发自内心地热爱阳台园艺，但阳台也是有不足之处的。

为了不给楼下的人和邻居添麻烦，他必须放弃会叶落满地的落叶树和易生虫的树种。在阳台养植物必须要考虑这些问题。

数 据
I先生的宅邸（东京都）/
分售公寓 6 楼 /
宽 2m/ 南向 /
主人约有 20 年的园艺经验

要把景色设在室内可见的范围内

打造阳台花园必须注重从室内看到的景色。要把落地窗比作画布，就像在画框里
画画一样地决定植物的配置，这样，美景就呈现在了眼前。

防范台风等强风
天气的办法

砖墙被有缝隙的板墙遮盖了起来。墙板
与地板的交界处可用花盆来遮挡。在遇
到台风等强风时，为了不让木板被大风
吹走，主人会把较长的树干绑在板壁上
加以固定。

罩住外挂机

阳台花园的瓶颈之一就是空调
的外挂机。I先生用自制的花
园墙风格的围栏把它遮挡了起
来。此处还可以收纳土壤和肥
料，可谓一举两得。

用太阳能灯照明，
夜景也很美

阳台花园能带给人的一大乐趣就
是可以观看夜景。如果使用太阳
落山后自动开启的太阳能灯，那
么不仅不用担心火灾，还可以在
室内观赏到梦幻般的夜景。

59

适时挪动花盆以防风防暑

转动花盆，让植物充分地沐浴阳光

这是栽种着麻叶绣线菊、薰衣草、珍珠绣线菊等植物的绿意盎然的一角。主人用木箱和水桶制造出了高低差。而且，为了让阳光照射得更加均匀，主人会频繁地转动花盆，改变植物的朝向。泥土和肥料储存在桌子下面。

数据
E 先生的宅邸（广岛县）/
分售公寓 11 楼 /
长约 6m × 宽 2m/
南向、西向也有一角 /
有 30 年的阳台园艺经验

E 先生家阳台的水泥栏杆内侧日照不好，靠近地板处的通风不佳。因此，主人没有把花盆放在地板上，而是放在了桌子或倒扣的水桶上。这样做能自然地缩小高低差，克服湿气和暑气，而且视觉效果也变得更好了。

降雨时，多肉植物可以在桌子下方避雨。冬天还可以给植物盖上塑料袋御寒。

另一个难点是阳台一角的晾衣区。令人头疼的是：因为从室内也能看到整个区域，所以晾衣区需要和园艺区达成一致的风格。于是，主人便错落地在板墙上挂上了标识牌和小花盆。晾衣服的区域并不大，但主人的处理方式却很有品位。

充分利用板墙增加空间

把植物与杂货装饰在一起就制造出了童话中的场景。

1 不像是晾衣区的展览角。**2** 右边是月季"无限玫瑰（Infinity Rose）"，左边是刺少的"再见春天（Spring Pal）"。**3** 多肉混栽挂在了被刷着白漆的格架上。因为架子的两面都可以装饰花盆，供藤本植物攀爬，所以这种架子经常被应用在阳台等狭窄的地方。不过，为了让架子不被强风吹倒，就必须把它牢牢地固定住才行。

给写字台铺上桌布，把它变成咖啡桌

近前的咖啡桌是个写字台。主人可以在这里进行混栽和移栽作业，下雨时，主人还能将花盆藏在写字台的下面。给写字台铺上桌布就能让它变身成咖啡桌。狭小的地方有张桌子也是很方便的。

客厅&餐厅的前院把露台变成『小庭院』

如用白月季遮挡住冰冷的铁架，
则露台就会变成森林里的小屋

用白月季"夏之雪"遮挡住给人感觉冷冰冰的铁架。从露台上看到的花都是颜色统一的白花，就像给春天罩上了一层柔软的面纱。

院子里有遮挡住露台、生长得葱葱茏茏的"夏之雪"，近前处有把毛地黄包围起来的多年生草本植物，这种布局给人一种整洁的印象。这里看上去简直就像森林里的童话小屋一样。

大约在 30 年前，埼玉县 A 先生家的院子还是一片供孩子们尽情玩耍的草坪呢。因为被月季优雅的身姿所俘虏，所以主人就种植了古老月季和英国月季，并把庭院变成了漂亮的月季花园。这是掀去草坪，从零开始建造出的庭院。

在靠马路的一侧竖起栅栏，用植物来保护小庭院的隐私

在露台镶上旧窗框、铁架和栅栏等器物。缠绕着藤本月季的场景让人很难想象这是住宅区的一角。众多杂货的点缀让这里变成了一个令人心旷神怡的空间。

这是露台的外景。与外墙一样的隔离栅栏是主人委托施工队打造的。在与道路之间的缝隙里种下的地锦长势旺盛，正在逐渐覆盖栅栏。因为植物能持续自播，所以路旁的植物也变得越来越多了。

在把所有空间都装修过的位于埼玉县的O先生家中，露台就是个小庭院。因为它面向马路，所以主人栽种了能够保护隐私的藤本月季。包围露台的部分栅栏涂着油漆，那是主人亲手制作的杂货装饰架。这是一个被装修成像小屋一样的空间。

1 白色板墙和涂漆是衬托杂货和植物颜色的最佳配角。色彩鲜艳的车牌变成了吸引眼球的焦点。　2 铁艺架、木框、粉红色的藤本月季，在这里享受植物和收集到的杂货带来的快乐。　3 把栅栏的一部分变成刷漆的装饰柜。以白色为背景，铁艺杂货和绿植是最佳组合。

给露台加上墙壁和屋顶，
就会使之变成阳光房和温室

给采光不好的露台加上屋顶，设置上墙壁和窗户，
可将其打造成阳光房

这是约 6m² 的阳光间。即使在严冬，蕨类植物和绿萝等绿植也依然生机勃勃，葱葱茏茏。因为此处冬天的温度也很高，所以长在这里的葡萄就会变得很甜，月季也会华丽地盛放开来。

1 把在院子里养的葡萄"玫瑰露"牵引到阳光房内，这样它就能结出香甜可口的果实了。 2 爬在顶棚上的月季也是从外边引来的。虽然这里只能被冬天的夕阳所照射，但月季却能开出美丽的花朵。

埼玉县的 I 先生一直为露台的采光不好而倍感烦恼。他亲手修缮了露台已经腐朽的部分，又给它加上了屋顶、墙壁和窗户，使露台变成了阳光房。室内还设置了能把植物衬托得美丽动人的家具和杂货。这些全部都是主人的得意之作。

穿过雨槽的亚洲络石是不请自来的不速之客。阳光房的窗户和顶棚使用的是亚克力玻璃。在室内，薜荔和蕨类植物是和铁艺品装饰在一起的。

把老朽的露台变成可供家人全年休息的温室

温室源于英国，是墙面和屋顶都为玻璃的阳光房。它原本是用来储存植物和水果的，"但我家把它当成茶室来使用"。

温室是不分季节、即使在下雨天也能放眼眺望庭院的地方。A 先生的朋友们也说"这里比咖啡厅更令人享受"。 **1** 在烛台上放上松果和杂货小鸟，这样它就变成了一棵树。 **2** "火皇"的餐具和与其颜色相协调的小花。 **3** 顶棚上挂着花环。 **4** 手工制作的干花。

这款迷你藤蔓架是 A 先生用市面上出售的商品改造成的，它可以凸显迷你盆栽的魅力。

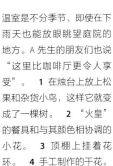

A 先生（东京都）的温室和露台都是因为年久失修才得以重建的。虽然主人最初的修建目的是"能驱杂草就好"，但一边眺望庭院，一边消磨时间的生活也特别惬意。在邀朋友过来玩时，主人可以用在庭院里采摘的鲜花来点缀这里，于是这里就变成了一个非常难得的聊天室。

亲手把普通阳台变成雅致的空间

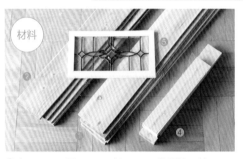

材料

❶ 宽 150mm× 厚 10mm× 长 1300mm 的隔板 10 块

❷ 宽 150mm× 厚 10mm× 长 790mm 的隔板 6 块

❸ 宽 98mm× 厚 38mm× 长 430mm 的 SPF 材料 1 块

❹ 宽 30mm× 厚 40mm× 长 430mm 的方木 1 根

❺ 彩色玻璃 1 块

① 把做板墙竖板的 5 块隔板❶以 10mm 的间距整齐地一字排开。把做横板的隔板❷放在其上中下三处，用螺钉固定。这样就做成了一块板墙。另一块板墙要根据彩色玻璃的尺寸进行切割。

② 在室内刷涂时，要用保护膜和遮蔽胶带来养护地板。在木板上涂上中意的涂料。在架子板❸的 SPF 材料上也要涂上油漆。

只把花盆摆在阳台花园是无法构成美景的，还要尽量消除冰冷的印象。为了制造出高度差，最好在阳台花园里摆上些杂货或家具。目标是要把阳台打造成不像阳台而像森林中充满自然气息的区域。

来亲手把阳台改建成像欧洲农家庭院一角般的空间吧。改建地是有 30 年房龄的小区。请先确认阳台的使用规则（P.68），再动手改建。

先用板墙遮住不美观的铝制栏杆，再在地面铺上有曲线的红砖小路，以便消除水泥地的冰冷感。

因为施工位置是阳台的一角，所以也不妨碍晾晒衣服。当然，板墙和砖都可以轻松拆除。

只用了一天时间和约 2 万日元（约 1 千元人民币）的材料费，租赁住宅的阳台就焕然一新了。

支架

③ 用支架安装架子板❸。为了使两只支架保持平齐，可以使用水平仪（P.99）。漂亮的支架多种多样，可以选用能衬托空间的你所中意的一款。

合页

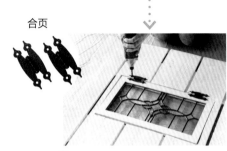

④ 在另一块板墙上，用合页固定彩色玻璃。这个合页也是板墙的亮点，要将之安装在表面。在彩色玻璃的下侧，可以把着色的❹作为装饰板安装好。

用一天的时间让阳台华丽地变成

有植物衬托的空间！

之前

在 30 年房龄的小区里租赁的阳台、水泥地面和冰冷的铝制栏杆与阳台花园格格不入……

仅用一天时间的装修就令人刮目相看的阳台一角。阳台被打造出了欧洲乡间庭院的风情。主人在没有板墙的地方设置了格架，这样就消除了栏杆的冰冷感。

核桃皮

这是为了在不增重的同时覆盖地面而铺设的人气核桃皮。核桃皮的价位约1800 日元（约 90 元人民币）/12L。

这是有怀旧风格的砖块。在家居卖场各买 20 个深棕色和红褐色的砖块。砖块的规格为：宽 100mm× 厚 60mm× 长 210mm，售价为每块 180日元（约 9 元人民币）。

砖块

铺设小路风格的砖路，
营造纵深感

想象小路蜿蜒曲折的样子，将砖块排成曲线。交错放置颜色深浅不一的砖块会让地面变得生动起来。

如果用浪木做窗户的支杆，则可以让窗户保持半开放的状态。板墙可以衬托彩色玻璃的存在感。小窗也很赞。

只摆上花盆就会让构图变得立体起来。用蔬菜箱等木箱或凳子就能制造出高度差。

在集体住宅进行阳台园艺时必须遵守5个规则

规则 1 不要堵住安全通道

在集体住宅里，阳台既是房间的一部分，也是你和邻居们的安全通道。在设置网格架和板墙，摆放家具和花盆时，一定要考虑到特殊情况，保证足够的活动空间。特别需要注意的是：严禁用杂货堵塞隔板（隔断门）。在分售公寓里进行园艺活动时，也要注意这个问题。

若真想享受园艺之乐，那就搬到适合搞园艺的房子里，或搬到位于拐角处的房间吧。

灵感 设置与晾衣区的间隔

阳台花园的设计瓶颈之一就是晾衣区。若要保留晾衣区，那么设置上隔板就会让花园更容易保持协调感。既可以设置板墙和网格架，也可以放置高大的树木。

灵感 把板墙固定在栅栏上

把遮挡冷冰冰的栅栏和扶手的板墙用"コ"字形金属件或固定网格架用的金属件勾起来。受全球气候变暖的影响，台风刮得也一年比一年强烈了，因此要经常检查连接处是否松动。

规则 2 要经常扫除

每次给植物浇水时，都会从花盆里洒出些泥土、落叶和花瓣……这些垃圾会堵塞阳台上的排水口。因为排水口堵塞会给邻居添麻烦，所以要经常打扫。例如，可以把排水口用丝袜或厨房里的三角网兜罩起来，这样就能拦截垃圾了。务必时刻关注阳台的卫生，要将之打扫干净。

注：房屋不同，规定也不同。在集体住宅中，即使是商品房，在打造阳台花园之前，也请确认相关管理的规章制度。

规则 3 不要让园内的器物跳出围栏外

有人会在阳台的栏杆和围栏外面挂上花盆。这从外面看是极好的，但这样做也是极危险的。若花盆因强风或地震而掉落，就有可能造成无法挽回的事故。一般来说，花盆外挂是不可取的。当然，也不能把花盆摆放在栏杆上。

说到有可能会掉落的东西，尘土、花瓣、树叶也经常会落在外面。因为这些东西可能会落在附近的衣物和被褥上，所以强风天气时千万要注意高空坠物。

灵感　盖住空调管道

空调管道也会破坏花园的完整性。可先用黄麻将之覆盖起来，再把人造的常青藤缠绕其上，最后装饰上小鸟摆件，这也是一种乐趣。

规则 4 浇水也要多加小心

给植物浇水时，不要只顾植物，也要考虑下邻居们的感受。例如，如果往用铁箍悬挂的花盆里浇水，那就很可能会弄湿晒在楼下的被子。虽然有些麻烦，但如果是吊盆，那么可以先把花盆拿下来再浇水，这样做是最保险的。即使是放在地上的花盆，也要缓缓地浇水，免得水流到外边。

灵感　囤积肥料要保持整洁

在阳台这个极小的空间里，肥料和铲子的放置也很令人头疼。可以把它们藏在高一些的木箱里，或者像图片中那样，把它们放在漂亮的铁桶里。

规则 5 风大的日子要特别注意

平时就要多多注意雨水、酷暑、严寒等阳台花园的天敌。此外，还要注意防风。被风吹散的泥土、树叶和花朵会比想象中的还要多。原本固定好的板墙和花盆也会被风吹得倒下或掉落。遮阳棚和绿植屏风说不定也会被大风吹走。有强风警报时千万要加小心，也可以考虑将器物移入室内。

病虫害防治
SICK & PEST

无论你对植物照顾得多么用心，只要在自然环境下养护，那么你就无法让植物免遭病虫害的侵扰。

请仔细检查花、叶、茎、枝以及植物的整体，要尽早处理病虫害，把它对植物的伤害降到最低。

叶片变异

裂洞 ·····> 如果叶片上有被啃咬过的痕迹，那么基本就可以判定是害虫所为了。为了不让粉蝶、毛虫、青虫、蟋蟀、蛞蝓等吸取植物的养分，要尽早将之清除。

变白 ·····> 如果植物长出了像撒了粉末一样的白霉，那就可能是得了白粉病。白霉如果覆盖叶片，就会影响植物的光合作用，导致植物生长不良。因为这是常见的病害，所以相关药剂也很多。要选择适合植物的药剂。

植物全体变色 ·····> 如果叶片变成黄色或红色，或者整体看起来颜色暗淡，那么很可能是肥料不足所造成的。如果叶片变成茶色，就说明环境有问题。如果植物的间距过密，就要考虑拉开它们彼此间的距离。

表面有白色圆点 ·····> 如果叶片上出现了点状的斑点或花纹，那么叶片背面很有可能是寄生了叶螨。因为叶螨会从叶片背面吸取养分，所以要将之尽快除去。如果斑点较小，那就可能是寄生了蓟马。

出现白筋 ·····> 如果叶肉被线虫（潜叶蝇等的幼虫）吃掉，那么叶表就像被画了一幅白色的画一样。线虫泛滥会导致植物生长恶化、叶片变形、枯萎、落叶等问题。

叶里生虫 ·····> 蚜虫会寄生在新芽和叶片背面吸取养分。如果蚜虫泛滥，就会致使植物枯萎。而且，蚜虫会传播病毒病，影响其他植物的健康。

长不出新芽 ·····> 如果新芽被吃掉后便不再生长，则新芽有可能是生长了螟蛾的幼虫。植物萎缩不生长，则有可能是长了跳蚤的同伴屋尘螨。这种害虫小到肉眼看不见。它是家庭菜园中的常见害虫。

长斑点 ·····> 如果叶片上出现褐色的斑点或斑点持续增加，就说明植物有霉菌、细菌、病毒病等病原菌或寄生着害虫。如果斑点不再增加，有可能出现的问题是被阳光晒伤、用药过度、土质盐度过高等。

下叶变黄 ·····> 过涝、过旱或寒冷、盘根都有可能令下叶变黄。此外，移栽后的环境变化也是原因之一。如果植物的根须松动了，那就干脆挖出来一看究竟。

茎的变异

生虫 ……→ 幼苗是虫子的最爱。如果贴近地面的茎被虫子吃了,则表明附近可能生有毛虫或普通卷甲虫。如果是群居的小虫,那就是蚜虫。蚜虫泛滥会危害植物的生长。

腐烂变色 ……→ 可能是生病了。如果分泌黏液,就说明植物得了巴拿马病杣甜瓜蔓枯病。如果地上的茎变色枯萎了,那么植物就有可能是得了立枯病。只要能避免连作,那么此类病害基本上是可以预防的。

变白 ……→ 和叶片一样,如果在茎的表面长出了像撒了一层白粉般的白霉菌,则说明茎生了白粉病。茎的白粉病会导致植物无法开花,蔬菜口感变差,植株停止生长。

花的变异

裂口 ……→ 很有可能是被蛞蝓、蜗牛、墨绿彩丽金龟吃掉了。墨绿彩丽金龟一旦大量繁殖,就会聚集在花朵上,让花朵看起来惨不忍睹……而且,因为此虫会飞,所以经常居无定所。一旦发现此虫的踪迹,务必将之驱除干净。

长斑 ……→ 花瓣上若有洞和斑,则说明植物很可能是生了蓟马,或得了灰霉病、病毒病等。此外,也有可能是因为药不对症,或是阴雨连绵所导致的。

变白 ……→ 和叶片、茎一样,都有可能得了白粉病。这种病易发生在气候干燥的时期,若放任不管,植物的长势就会变弱。要去掉发病的花瓣,提前洒农药和杀菌剂。

生虫 ……→ 可能会蚜虫泛滥。对策也只能是喷洒杀虫剂,瓢虫是蚜虫的天敌,可以用瓢虫来一物降一物。如果蚜虫传播了病毒病,那么植物就无法救治了。

花蕾枯萎 ……→ 如果植物枯萎被霉菌覆盖,就有可能是得了灰霉病。湿度高会引发此病,所以要营造通风良好的环境。也有可能是花苞中生了毛虫。

整体状态都不佳

根部的土壤隆起 ……→ 蚂蚁在根部爬来爬去,会争夺植物的养分。蚂蚁也会传播病毒病。蚂蚁的数量如果不多,那是不足为虑的,可一旦泛滥,就会给植物带来负面影响,所以要多加注意。

莫名地长势不好 ……→ 除了害虫的寄生和立枯病(下述)等病虫害以外,水肥过量或不足也会让植物无法分生根须。必要的肥料成分不可过度缺失,要让土壤中含有这些养分。

变成褐色 ……→ 可能是致使植物整体长势变差,使其白天看起来也蔫巴巴的立枯病。此病是土壤感染,所以会从根和距离地面较近的茎开始发病,如果放任不管,植物就会变得很不健康。得病的植物会从下方叶片开始逐渐变黄、枯萎。

Q & A

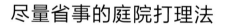

尽量省事的庭院打理法

Q 该如何处理杂草呢?

A 易于植物生长的环境,也是易于杂草生长的环境。可以说造园就是和杂草做斗争。

最省事的办法是使用除草剂。因为市面上出售的除草剂多种多样,如果不想影响其他植物,不想给邻居添麻烦,就请根据需求认真地挑选合适的除草剂吧。

覆盖土表也可以有效地驱除杂草。比如,铺上碎石子(P.102~103)、铺上砖和枕木(P.104~109)、栽种地被植物等方法既可以抑制杂草生长,也可以提升视觉效果。以上方法与除草剂配合使用,就会获得更好的抑制杂草生长的效果。

Q 可以放任地被植物肆意生长吗?

A 要想把小庭院变成如森林般自然、绿意盎然的地方,那么地被植物是必不可少的。

只有生命力强健的植物才适合做地被植物。把这种植物种下去之后,就不需要对其费心管理了。如果环境合适,地被植物就会迅速成长,但它也有可能因为长势过旺,而蔓延到其他地方。例如,地被植物可能会蔓延到理想的花园中去,或邻居的用地里。如果觉得地被植物"长得太过旺盛了",就请认真地将之修剪回原样吧。如果刚修剪完,地被植物就又长出来了,则可以通过分株的方法来扼制它的长势。

Q 长期不在家时该怎样浇水?

A 人们常说不需要给院子里的植物浇水。如果植物的根扎得很深,那么雨水就能给植物的生长提供充足的水分了。但是,干旱的气候也会影响植物生长。天气干旱时还是要给植物浇水的。

那么,如果因为旅行或出差等原因不在家,或是因为太忙而不能经常浇水又该怎么办呢?冬天自不必说,夏天该如何处理呢?

如果是地栽植物,可以给地表铺上一层保水性较好的树皮屑(黑松的树皮)或腐叶土等。如果从上面浇下足量的水,那么至少可以保湿一个星期左右。如果要长期供水,请考虑引进自动浇水机(喷雾设备)。

第**4**章

培育的喜悦、期待的乐趣、享用的快慰

美丽菜田·家庭菜园丰收

如果在有限的空间里种植蔬菜，你是否觉得庭院一下子就变得枯燥乏味了呢？那么就让家庭菜园来帮你解决这个问题吧。把既美观又实用、既赏心悦目又能满足口腹之欲的家庭菜园列入你的造园计划中吧。

Potager garden.

家
庭
菜
园
的
基
础
知
识

家庭菜园别具一格的美感

不仅容易培育，还能调节家庭菜园色彩的珍贵蔬菜圣女果。

提示

虽然外观和叫法不同，但全世界都有用来种菜的庭院。英国人称其为厨房花园，并会把同类作物栽种在一列，形成朴素的风格。因为小庭院更注重视觉效果，所以本书选用了法语的叫法，称其为家庭菜园。

生 菜 在 播 种 后 的 60~70天内即可收获，可以用它做凉菜吃。

Potager 是法语家庭菜园的意思。中世纪时法国的修道院为了自给自足，便种植了芳香植物和蔬菜，这是西方家庭菜园的起源。这种菜园可用植物的鲜艳颜色和高低差来制造立体感，又因为它与一般菜园或菜地的风格不同，且能让人获得培育的喜悦感、保证食品的安全性，所以它在全世界范围内都很受欢迎。

小庭院自不必说，比起把有限空间的一角打造成朴素的家庭菜园，富有设计感的家庭菜园自然更受大家的欢迎。

家庭菜园重在设计

家庭菜园给人一种整齐有序的印象。通过区划整理，会让菜园变得井井有条。连接各区域之间的小路可以铺砖块、瓷砖或枕木，这样园主就可以不再为杂草和泥巴而发愁啦。

实际上，这种区划整理不仅仅是为了设计。如果想要种植蔬菜，这就是必要的工作了。

茄子、西红柿、黄瓜等自家栽培的人气蔬菜是很容易发生连作障碍的。所谓连作障碍是指长年在同一地点培育

设计 ① 用木板和枕木做小菜畦

可以用木板或枕木做划分区域用的"围栏"。操作方法是在整地后把木材插在土地里。如果木板摇晃，就要用土壤加固。最后用⊐字形钉子把木板连接起来就大功告成了。

设计 ② 在围栏边修边界花园

家庭菜园不一定要做成正方形，也可以在围栏边圈出长方形的菜地。这时，要按照从外到里、从高到低的顺序进行排列。另外，利用围栏提升菜园的高度也有利于植物生长。

设计 ③ 让区划整理出来的小路富于设计性

通过区划整理出的小路也是工作区。考虑到外观效果，可以在小路上铺设砖块、枕木，或者放上长椅、凳子，以便在此休息。

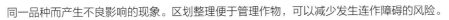

同一品种而产生不良影响的现象。区划整理便于管理作物，可以减少发生连作障碍的风险。

要在区域深处等难以触及的位置为作物开辟一条小路。给小路留出能让一个人通过的宽度。铺设小路可以改变园地的整体形象，所以请注意小路的设计。

伴侣植物

除了连作障碍，在家庭菜园中必须要注意伴侣植物。不同种类的蔬菜会招来不同的害虫或感染不同的病菌。可以利用这个特性，将不同种类的蔬菜搭配起来进行培育。能够产生积极影响的植物组合称为"伴侣植物"或"共生植物"。在家庭菜园的栽培区种植蔬菜时，如果把植物搭配得当，也可以起到防范害虫、预防疾病的作用。好的搭配还能让植物的生长状况变得更加稳定。这些都是打理家庭菜园时必不可少的知识。

在院子里享受收获的喜悦

小小的空间也能让餐桌摆满美食

1 迷迭香有抗菌作用，被称为"返老还童的芳香植物"。
2 开着白花的聚合草可以制成营养丰富的肥料。 **3** 用浪木作为分区装饰而围起来的鼠尾草（P.122）。从古罗马时代开始，鼠尾草就被称为长寿草而备受人们的喜爱。 **4** 这是长满小叶片的贯叶连翘，它在6月时会绽放黄色的花朵。用其叶片做成的茶叶有安眠的效果。

1 黑莓酸奶奶昔、莓果果酱配英格兰松饼、芳香植物水。这些美味佳肴就是用从左下方照片中的家庭菜园里收获的食材制作的。 **2** 冷冻黑莓是一年四季都可以食用的宝贝。

被栅栏围起来的优雅家庭菜园

围栏是M先生（千叶县）亲手制作的。围栏边种着各种各样的果树，如黑莓、毛樱桃、加拿大唐棣、蓝莓、无花果。在芳香植物丛生的小路对面种有西红柿、芦笋、茄子等蔬菜。这是个能让家人充分享受到庭院恩惠的家庭菜园。

用围栏围起的家庭菜园，日本白蜡树投下树荫。在园地一角设有咖啡茶座，这里宛如一片绿洲。

以大栅栏为背景的抬高苗床式家庭菜园。照片右下方的蓝色小货车里正培育着胡萝卜的嫩芽。

以杂货和带窗户的围栏为背景

打造翠绿葱茏的家庭菜园

A 先生（茨城县）的庭院最初栽种的是花草，后来又栽种了月季，为了让家人吃上采摘的新鲜蔬菜，他又把庭院改造成了家庭菜园。砌上砖块，填入适合蔬菜生长的泥土，打造抬高苗床。把苗床放在通风好、木板有间距的栅栏板墙旁，要保证充足的光照。因为设置了蓝色的窗户，所以此处看起来很是时尚。

家庭菜园不仅利于蔬菜生长，还是蔬菜的"秀场"。

1 前方旱金莲的花和叶都能用来拌凉菜。茄子和黄瓜是伴侣植物。**2** 在砖块上放上方木，可以提升高度和品位。 **3** 这是还没长高的黑莓，后期可将之牵引到板墙上。

采访时，主人收获了茄子、圣女果、西葫芦、黄辣椒、青椒等蔬菜。

这是用上图中采摘的蔬菜制作的烩菜和凉菜。

打造家庭菜园的好创意

稍微花点心思就能提高品位

用养花箱做菜园

家庭菜园不仅限于地栽，还可以用养花箱来加以打造。 **1** 主人在这个养花箱里加入了颜色一致的立体标识牌。栽种圣女果的橙色罐子可以制造出色差来。 **2** 在木箱上印上英文字母，意思是"脚步声会滋养土地＝请悉心照顾蔬菜"。

用围栏增加家庭菜园的高度

把众多区域连成一大片是家庭菜园的魅力所在，但小庭院就很难展现这种魅力了。此时，可以积极地利用围栏和网格架来打造立体的家庭菜园。 **1** 围栏的用法：即便无法地栽，也可以牵引种在花盆里的植物令其向上攀爬，从而静待收获的季节。 **2** 在打造家庭菜园时，为了让板墙具有良好的通风效果，木板间应留有一定间距。

制作园地标识牌的方法

园地标识牌的构造十分简单，这里介绍的是用边角料和浪木制作的标识牌。

刷涂做标识牌的木板，用刀具磨钝它的棱角。

用打磨器或砂纸磨平木板的表面和棱角，将之做旧处理。

园地标识牌不仅能表明植物、蔬菜的名字，还能起到突出重点的作用。可以统一风格和素材，也可以制作风格多样的标识牌。

用水性漆写字。用竹签头制作也能别有一番韵味。

用一颗木螺钉将标识牌固定在细的漂流木上就可以了。

即使油漆因风雨而剥落或字迹不清，也是独具风情的。

为便于移动，可选用花盆或水桶栽种植物

没有必要因为不能地栽、使用养花箱培育植物而感到沮丧。只要找到光照好的地方，再选用便于移动的花盆或养花箱就可以了。 **1、3** 在较高的薰衣草和葱前搭配生菜和迷迭香的混栽。 **2** 把吃完的鳄梨种子埋在花盆里，在标识牌上写上播种日期。 **4** 给铁丝网盆铺上防草垫，只要填入土，就可以作为花盆使用了。

混栽迷你家庭菜园

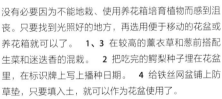

用混栽的蔬菜打造一个小型家庭菜园。可以把它装饰在厨房附近，这样也便于取用。当然，栽种时别忘了伴侣植物搭配原则。

春夏秋冬的收获日历

美味可口、色彩鲜艳！

「三得利园艺」公司教授了一种容易培育、美味可口、外观美丽的蔬菜种植法。让你的庭院和餐桌全年都热热闹闹的吧！

提示

伴侣植物的经典组合

就像 P.75 指出的那样，植物搭配原则是打造家庭菜园必不可少的知识。因为可以少用农药，所以希望大家记住具有代表性的植物组合。
· 番茄 & 罗勒
· 茄子 & 韭菜
· 小松菜 & 油菜
· 莴苣 & 大头菜
· 西兰花 & 茼蒿

春季收获的蔬菜

圣女果（樱桃番茄）

高甜度、像甜品一样的圣女果又香又新鲜，有弹性的香甜果肉吃起来就像葡萄一样。控制花朵的数量可以保证果实的质量。因为圣女果很甜，所以很适合给孩子当零食吃。

香甜罗勒

香甜罗勒定栽 20 天左右就可以收获了。罗勒壮实的茎可以再次萌芽。如果罗勒长得太过茂盛，就得从根部剪下，以保证通风。如果出现徒长现象，就得剪掉植株的上半部分，让它重新萌芽。它像松茸和牛肝菌一样，有着芬芳之气。建议在烧烤和炒肉时使用，它可以让食物的口感变得更为鲜美。

蜜香（草莓）

因为蜜香和右图的白蜜香为同一系列品种，所以培育方法相同。蜜香是在成熟之后弥漫着强烈香甜之气、像蜜一样甜的草莓，其收获期间为 5 月上旬—6 月中旬。注意不要施肥过多。推荐使用长期有效的缓释型基肥，并用液肥追肥。在植株长出新叶后，可用富含磷酸的肥料为其追肥。

白蜜香（草莓）

它是酸甜可口的白色草莓，5 月上旬至 6 月中旬为其收获期。地栽时，这种草莓的植株间距为 30cm 左右。开花后，可用棉签或毛笔使花粉均匀地附着在中心的雌蕊上，为之授粉。草莓株高为 20~30cm，冠幅为 30~40cm。地面干燥时，为其浇水即可。

冬季收获的蔬菜

"再来一碗"西兰花

它是秋冬蔬菜中的代表性蔬菜，是一种花卉蔬菜。在其定栽后的 55—60 天，即可收获其上方的花蕾，因其侧枝发育良好，所以可以继续收获侧枝上结生的花蕾。可见它真的是名副其实的"再来一碗"啊。它紧实的花蕾呈圆球状，味道香甜浓郁。即使花蕾长得再大，也不会因为摘取不及时而影响口感，所以在你想吃它之前，它会一直恭候着你的。

菜花

在其定栽后的 55—60 天即可收获。在收割完它上方的花蕾后，它的侧枝也会陆续结生出新花蕾，它是一种介于西兰花和花椰菜之间的花卉蔬菜，其花蕾是美丽的柠檬黄色。也可以用它给家庭菜园制造出美丽的色彩。把它用水稍微焯一下就可以食用了，菜花口感甜脆，非常好吃。

黑子玉（西瓜）

这是在狭小的空间也能轻松栽种的"一坪西瓜"。其果肉脆、甜、口感浓郁，果重可达3~4kg。此瓜在开花后的45天左右即可收获（5月上旬定栽，6月中旬授粉）。瓜蔓不宜过长。它的株姿虽然很袖珍，但长势却很旺盛。初期要控制肥料（特别是氮肥）。收获量标准是1棵藤结1~3个瓜。

尽早收割的绿色圆号（青椒）

这种青椒带有甜味，口感很好，果肉厚实。因为它少有青椒那种特有的苦味，所以不喜欢青椒的孩子也可以接受它的口感。如果在栽培初期能尽早收割，就可以延长收获的时间。每株可收获40~60个青椒。因为它的栽培期较长，所以要注意及时追肥。即便把它种在养花箱里，它也能很好地结果。因为此青椒易于栽培，且收获量大，所以很受大家的欢迎。

强健丰产（黄瓜）

它是即使过季也不容易脱水的爽脆黄瓜。黄瓜不耐干燥，所以要多多浇水。它在收获期的果长为21~22cm，其主枝、子枝、孙枝都能平衡地结果。因为经过改良的品种不易得白粉病，所以新手也能轻松培育。

黏糊糊的炒茄子

这种浑圆的茄子味道浓郁，肉质绵密柔软。虽然它不容易煮烂，但在煮烂后就会变得格外黏稠，所以最适合做炒菜吃。它的长势极其旺盛，枝叶也结实健壮。它易于栽培，新手也会在栽种的过程中获得满足感。因为这种茄子能生长很长时间，所以要及时补充水肥。在收获期果长为10~12cm。

恐龙苦瓜

因为这种苦瓜的表面生有像恐龙脊刺一样的刺，所以才被命名为"恐龙苦瓜"。与一般的苦瓜相比，这种苦瓜没那么苦涩，味道温和，口感清新爽脆。当主枝长到1.5m左右时，一定要为其摘芯，以便让其长出子枝、结生果实。其收获期的果长为15~25cm，收获数量为15~25根，果重250~400g。

红玫瑰草莓

它那像月季一样的花朵依次绽放的姿态和果实的形状都很美丽。如照片所示，可以同时观赏它的花和果实。它的株高为20~35cm，冠幅为30~35cm，即便花朵很多也能结果。将之栽种在小花盆也能结果，适合新手栽种。它是四季都能生长的品种，可在4月下旬—8月中旬、10月上旬—下旬收获两次。

快乐草莓

这种口感爽脆清新的草莓对白粉病有很强的抵抗力，新手也能轻松培育。其株高为20~35cm，冠幅为35~40cm，酸甜硕大的果实缀满枝条的样子非常有趣。它的收获期是4月下旬—8月中旬、9月中旬—10月上旬，可以把它酸甜的果实做成果酱。

甜美草莓

因为它优质的酸甜度较为平衡，所以味道较为鲜美。定栽后，最好剪掉马上就要开花的花芽，以养护植株。从春天到秋天，可以稳定而长久地收获果实。它有很强的抗白粉病的能力，即使在高温期也能持续开花，是容易培育的四季品种。它的株高为20~35cm，冠幅为30~40cm，适合在小庭院里种植。

怎样让植物在日本高温潮湿的环境中
也能茁壮成长？

Q 植物为什么会枯萎？

 主要原因是水肥供给不当。

先来看浇水不当的问题。一般来说，要等土表干燥后再给植物浇水，有时，水会被叶片挡住，从而无法渗入到土壤中。浇水时，要确认土表是否都浇湿了。

反之，浇水过量也会出问题。烂根、徒长等问题都是因为浇水过量所造成的。

施肥过量也是致使植物枯萎的原因。大量的肥料会破坏根系的功能，导致植物枯萎。为了避免"烧根"，一定要严格按照肥料说明书的指导进行操作。另外，不要让根须直接接触肥料，要让根须离肥料稍远一点。

Q 植物在潮湿的地方也能健康生长吗？

 庭院潮气重的两大原因为：①植物过于茂盛；②土壤排水性差。

先来看①。大致来说，过半的叶片重叠在一起就是植物栽种过密的表现。为保证通风，应使植物保持适当的距离。必须给树木做定期修剪。

再来看②。P.100也会做解释，但请先改良土壤。首先，翻地深20~30cm，让表层土壤和底层土壤调换位置并仔细搅拌。要加入以腐叶土为主的泥煤苔、河沙、蛭石等材料来改良土壤。2周之后，土壤就会变得十分松软，就能变成利于植物健康成长的好土了。

Q 被阳光直射的庭院该怎样从事园艺活动呢？

日本的夏天是考验植物生命力的严酷季节。受全球变暖影响，日本每年的夏天都很难熬。

首先，可以用传统的洒水方式降温。如果在盆栽和其周边撒上水的话，就可以起到降温的效果了。

遮光草帘、遮阳棚、植物屏风也能遮挡直射的阳光。另外，在庭院种树时，也请在选好的地方先预测可能形成树荫的情况再决定是否在这里栽种。

如果让藤本植物缠绕在围栏上，就可以反射阳光从而减少热量。可在地面种植地被植物，覆盖上保水性好的材料（覆盖地表）。若地表温度下降，那么热量也会随之下降。

第**5**章

营造小庭院气氛的技巧

小路、拱门、藤蔓架、栅栏、网格架

小庭院的种植空间当然是有限的，很多人都会觉得在小庭院里摆放植物以外的东西会很不协调吧？但正因为是小庭院，所以才更有必要表现出立体感和纵深感来，可以通过设置各种各样的构筑物来营造。请结合境栽花坛的种植技巧，让庭院看起来更加宽敞吧。

小路、园路

令人对前方充满期待感

横穿 65m² 左右的庭院、用复杂的砖块组成的小路，尽头是带遮阳伞的花园餐桌，可以在这里举办烧烤派对。前面的大型蕨类植物是从孢子开始培育的，至今已经生长了 19 个年头。

从玄关通向后院的小路上铺满了乱石（石灰岩）。乱石是高硬度的石灰岩，可以光脚走在其平滑的表面上。

提示 ▶ 通过分散视角打造纵深感，使庭院看起来更加宽广

　　小路是小庭院不可缺少的装饰（P.30~33）。小路带来的纵深感会让庭院的形象大为改观。可是，持有"庭院的面积不够铺小路""还不如在铺路的地方种花呢"等观念是令人遗憾的。铺设小路、建立藤蔓架，打造小庭院时一定要率先考虑修建这两种设施。

　　如果因为庭院面积狭窄而放弃铺设小路，那么就大错特错了。设置小路会产生让庭院看上去比实际面积更加宽敞的视觉效果。如果设置一个缓弯，那么其透视效果就会像变魔术一样增强庭院的纵深感。

　　其次，不要认为铺设小路会浪费种植空间。如果不铺小路就修建大花坛的话，那么到了后期就很难维护栽种在里面的植物了。人们对不可企及的植物多半会放手不管的，而铺设小路就能照顾到种在里边的植物了。而且，在小路的两侧（有时在内侧）也能栽种上美丽的花朵。像这样，为了让庭院的每个角落都变得漂漂亮亮的，我们建议你可以尝试铺设一条小路。

这是用垫脚石铺设而成的具有自然风情的小路。因为小路几乎要融入地面和周围的植物中了，所以看到这条小路的人会有一种被吸引至秘密花园的感觉。

这是纵向铺设砖瓦打造而成的小路。因为主人在铺路时设计出了曲线，所以就制造出了让人对前方的景色充满期待的效果。种在两侧的低矮植物也让小路显得更有存在感了。

枕木小路（P.104~105）。在枕木之间种植着填充土面的多年生草本植物马蹄金。右下角是沿阶草。照片中内侧的围栏是主人用隔板亲手修建的。

这是主人亲手通过纵向排列砖块铺设而成的笔直小路。这样做除了可以让庭院变得更为美观，雨天走在砖块小路上也可以不用担心被溅到泥污，平时还可以在小路上照顾路旁的植物。小路有很多岔道，真的很方便行走。

这是用纵向摆设的枕木铺成的小路。虽然这种小路不如横向排列的小路宽敞，但却可以减少枕木的数量。这种小路既能表现出设计的美感，又能节省成本。而且，因为纵向铺设的枕木占地面积狭小，所以也能增加种植空间——这样的设计岂不是一举多得吗？

这是用砖块铺设的通向玄关的小路。砖块的不规则朝向让小路看上去很有个性。砖块的颜色和形状千差万别。不留缝隙、随意铺设也是一种不错的设计方案。

注意! 有小路的庭院请参考P.30~33，小路的修建方法请参考P.102~109

拱门、藤蔓架

让庭院产生立体感、展现藤本植物的魅力

① ②

提示 制造出高度，让庭院变得更加立体更加美丽

1 这是主人自制的藤蔓架。架子下是咖啡角，主人既可以享受从叶片间泄下来的阳光，也可以在此悠闲小憩。设在后边的网格架可以保护隐私。 　**2** 这是照片1从另一角度观看的景象，这个空间被设置在了砖砌的小路一旁。

　　小路、拱门和藤蔓架都可以让小庭院看起来更加宽敞、更加精彩。拱门和藤蔓架可供藤本植物攀爬其上，且能增加种植空间，因为它们都有一定的高度，所以可以用来支撑植物。攀爬在二者之上的藤本月季在盛放时的美景最是美艳动人。而且，在小庭院里搭设此类设施既可以增加种植空间，也可以让空间看起来更加立体，且能表现出庭院的纵深感。正因为是小庭院，所以此类设施更必不可少。

　　拱门和藤蔓架的效果和使用目的基本是一样的。藤蔓架就是爬藤架，是用木材等做成的架子（框架）。拱门的上部是弧形的，而藤蔓架有直线形和屋脊形等各种各样的造型。如果在下方铺设一条小路的话，就会让庭院显得更加宽敞。它们是非常受欢迎的组合。

　　除了供藤本植物攀爬之外，藤蔓架还能制造出其他的乐趣。可在其下方设置咖啡角，并挂起混栽的花盆和煤油灯。因为藤蔓架是能给人带来各种乐趣的构筑物，所以请把它设置在门扉旁，并用它来装饰门扉。

1 带长椅的拱门也是很受欢迎的构筑物。 2 玄关的藤蔓架种的是月季"保罗的喜马拉雅麝香"。无数可爱的花朵镶嵌在一起，都让人看不出房子的形状了。

3 在露台的枕木小路上方设一个藤蔓架。因为庭院的光照不好，所以这是主人为了让庭院沐浴阳光而进行的改造，此处设计也受到了客人的好评。 4 养育了13年的粉红色月季"安杰拉"和白色月季"夏雪"。月季优雅地缠绕在了拱门上，制造出了可以诱人走向庭院深处的浪漫角落。 5 藤蔓架、栅栏、砖块……几乎都是主人亲手制作、铺设的。除了白色的藤蔓架，蓝色的藤蔓架也很受欢迎。正因为是小庭院，所以才要设置各种各样的构筑物，以便制造出众多美丽的场景。

英国月季优雅地缠绕在拱门上，打造出浪漫的玄关和小路。因为月季茁壮成长、样态富丽堂皇，所以完全看不出这是一幢拥有50年历史的日式老房。

板墙、栅栏、网格架

像在画布上绘画一样活用平面空间

攀爬在铁艺栅栏上的是古典月季"粉红努赛特"。

 提示　可用藤本植物来做装饰、保护隐私
或挂上花盆、打造绿植角

　　很多人都会设置与邻居交界的围栏。其实，板墙、栅栏、网格架都是用来遮挡邻居的视线或路人的窥探的，如果让藤本植物攀爬其上，就会让这些构筑物看起来更显壮观。虽然它们不能让庭院看上去更宽敞，但因为它们能制造出立体效果，所以是小庭院里必不可缺的存在。

　　脚边也可以从事园艺活动。围栏边的狭长空间是打造境栽花坛（P.90）的最佳位置。让视线转向外面，把在栅栏和道路之间的空隙变成最好的种植地点，让行人也能享受到庭院里的美景。

　　除了用地周围，在晾晒区和种植区的边界也可以栽种花草。

　　但是，如果没有植物，也可以竖起网格架或板墙。如果栅栏没有任何艺术性，就要像在画布上绘画一样地侍弄花草。可以让藤本植物攀爬其上，也可以打造境栽花坛或者种树。平面空间也能让人享受到园艺之乐。

主人在用砖块铺成的小路前方设置了花园小屋风格的板墙。小窗、凉棚、咖啡桌，再加上茂密植物包围其中，整个空间就像室内一样令人感到舒适而放松。

这是砖路上的一个角落，折叠椅和烤炉也被主人特意刷涂成了白色，与用来隔开邻居家的栅栏和粉色月季"昨日"十分协调。

把植物衬托得水灵灵的板墙是主人用杉木和 SPF 材料亲手制作的。据说，竖起板墙是为了遮挡邻居的视线。有缝隙的板墙通风性很好，藤本植物也容易缠绕其上。

1 把庭院的所有墙面都制作成种植多肉植物用的板墙。为了让各处都能被阳光均匀地照射到，主人在架子的设置上也下了功夫。把板墙刷得复古一些可以让其充满沉淀感。　2 主人特地把华美的月季"列奥纳多·达·芬奇"与有手工感的木制网格架搭配在了一起，这样就促生出了朴素的风韵。

1 这是把高度不同的木板整齐有序地纵向排列的板墙。用铁线莲来点缀板墙看上去较为粗犷的部位，就会给板墙平添几分柔情。　2 在板墙上写上自己喜欢的文字和植物的名字也是一种设计方案。文字既可以打印也可以手写，可以根据个人喜好随性设计。

注意!　请参考P.38~41利用墙面造园

境栽花坛

把树篱和墙边的狭长带状空间做成花坛

玄关前有个境栽花坛。最前排的植物是薰衣草，最里面（栅栏前面）的是高高的牛奶罐和树木。为了突出高度，要注意杂货的摆放位置。

境栽花坛是指纵深狭窄的花坛。在栅栏和墙壁边狭长的花坛里，按照植株的高矮栽种植物，欣赏植物的高低错落和色彩变化，这是英式花园的常见处理方式。当然，小庭院也应积极地采用这种方式。

如果在狭长的庭院里栽种同一种类的花草，庭院就会显得很单调。正因为庭院面积狭小，所以才要积极地栽种各种植物，必须要考虑相邻植物花叶间的色差。有时也可以通过种植树木来增加变化。不仅要有从里到外的高低差，还要有从左到右的变化，这样花园才会更有戏剧性。

背景也应巧妙利用。为了让庭院看起来更加立体，如果可能的话就将藤本植物牵拉在网格架上。

并不是所有位置都能打造境栽花坛，要把它设在围栏内侧。请以接受半天光照也能长得很好的植物为主进行栽种。另外，围墙和道路之间的极小空间也是用武之地，因为有很多光照好的地方，所以应季的花卉也能给路上的行人带来快乐。

1 枕木栅栏下是栽种着郁郁葱葱的芳香植物的境栽花坛。绽放在上方的是月季"牛顿"和"冰雪女王"。 **2** 这是设在自家围栏和道路之间的境栽花坛。配上月季，这里就变得非常华美了。

> **提示** 把高的植物种在里面、矮的植物种在前面，
> 这样就能表现出庭院的立体感了

1 以砖块为背景的境栽花坛很长。正因植物的株高从里到外越来越低矮，所以所有的植物都能很好地照射到阳光。 **2** 栽种结实的羊角芹和吊钟柳，再摆上盆花，这样就制造出了层次感。 **3** 用砖砌成的抬高苗床是境栽花坛的最佳舞台。 **4** 在墙壁和停车场的缝隙间栽种花草。为了防止土洒到路面上来，可用砖块作为挡板。鼠尾草和紫花荆芥起到了活跃气氛的作用。

> **注意!** 境栽花坛植物的花期请参考P.48~49，狭长空间的造园法请参考P.30~33。
> 可以利用P.34介绍的停车场空地造园法。地栽花坛的修建方法请参考P.110~112。

立水栓

在冰冷的水管周围精心布置

这是用枕木和砖块制作的立水栓。虽然这个水栓是假的，但因为设置了水龙头，所以它就能以假乱真了。这个水龙头既不会生锈也不能使用。

这是枕木立水栓。颜色雅致的水管与庭院融为一体。随意摆放的水桶也能烘托气氛。

这是墙上装有水龙头的"墙栓"。遮盖住它的是蜡菊，此花不耐潮湿，不要浇水过多。

1 被薜荔覆盖的立水栓成了亮点。水栓原本是灰色的柱子，主人用砖块把它遮盖了起来。这里其实是盆栽花的专区。 2 生了锈的铁制立水栓有种难以言喻的韵味。白鹡鸰曾在这里筑过巢。

提示 不能浇水的假立水栓也是烘托角落气氛的重要素材

1 带水龙头的水栓是庭院的制高点。这是给养花箱花园设计出高低差的方案。 2 这是个令人向往的水池，它是在土里埋入水泥池打造出的小池子。据说，鸽子和鹌会来这里喝水。

小庭院的设施总是很显眼，浇水用立水栓也是如此。因此，可以用砖块遮盖或用市面上卖的素材遮盖的方式来消除这些设施的存在感。

立水栓本来是指设在室外的柱状水栓设备。因为它有一定的高度，所以如果使用得当，就能营造出立体感。因此，设置假立水栓也是很受欢迎的设计方案。

用木板覆盖，使空调变成板壁和植栽的背景，可做工作台使用的外挂机令人格外惊喜

设计小庭院时要充分利用放置外挂机的通道和后院。因为外挂机不能轻易移动，所以空调罩就派上用场了。可用竹帘或网格架适度地覆盖外挂机，这样就能隐藏人造机器了。因为此处可以放置杂货和花盆，所以要积极地将之利用起来。

1 这是主人自制的像过家家一样装饰着杂货的空调罩。 **2** 在空调罩上设置一面带对开百叶门的镜子，花园景色映在镜中也很是有趣。

技巧

◎

07

工作台

既可以存放工具和肥料，也可以摆放混栽植物

让漂亮的工作台成为庭院的焦点吧

工作台常被用来存放园艺用剪刀、铁锹。此外，人们还可以在这里来给混栽植物做分株。园艺工具虽然平时收藏起来为好，但使用的时候找起来会比较麻烦。因此，就设置一个即使将工具放在外面也能让其融入花园美景的工作台吧。缝纫机台和小货车都是很有人气的工作台。这些物品虽然没有古董昂贵，但只要它生了锈，也会很有复古情调。

两张照片里的工作台都是用旧缝纫机的支架改造而成的。生锈的支架与植物很是协调。 **1** 旧缝纫机支架上放着蔬菜箱垫板，上面展示着盆花。 **2** 把木板放到在古董市场上看到的缝纫机支架上，它可以作为展示杂货的舞台兼收纳台。

93

杂货1

制造高度，凸显庭院的立体感

把白色珐琅彩的法式复古碗放在褪色恰到好处的红色椅子上。红色刚好可以成为庭院里的焦点颜色。

在红黑色锈迹斑斑的小椅子上放上空罐子和小铲子等带铁锈的物品，再配上一只同样锈迹斑斑的铁丝筐。它们能和多肉植物和谐地搭配在一起。

主人把旧婴儿椅刷上了白漆，放上一盆绽放着紫红色小花的鹅河菊。如此一来，这把椅子就变成花台了。在常绿树的掩映下，这个花台显得非常自然。

提示 ▶ 通过把花盆放在旧椅子上来制造高度

提示 ▶ 自然地竖起梯子和梯凳，这是制造高度的经典方案

提示 ▶ 自行车不仅具有故事性，更能成为庭院里的焦点

这是经常在周日做木工活时用到的梯凳。花盆里栽种的是小型圆扇八宝景天。旧梯子和梯凳在变成花台后就有了新的使命。

　　如果不想用藤蔓架等大型构筑物，只想制造一点高低差的话，那么使用家具和自行车就能实现目的了。此类物品因为没有埋在土里，所以可以轻松移动、制造出各种效果。除了杂货，稍带些铁锈的物品也易于与庭院融为一体。

1 主人放上了一台别人赠送的旧自行车，可以在车上摆放花盆，或让藤本植物攀爬其上，红色的效果很不错。　**2** 把这个角落用砖头、路灯及旧三轮车比作一个小村庄，把花盆放在车筐里，于是自行车便给人一种仿佛马上就会被骑走的感觉，看上去仿若一个引人入胜的故事。

杂货
2

小物件也能表现出故事性

给立水栓配上鸭子摆件。立水栓→饮水处→水鸟会来玩耍……这些杂货可以串联起这样的故事情节。

藏在叶片下的是长着翅膀的猪。这头猪在国外有"绝对不可能"的意思，它是虚幻世界中很受欢迎的摆件。

还有从多肉植物中探头出来的兔子。风吹雨打让兔子的表面生了锈，外形也走了样，但让它产生了一种古朴的风韵。

提示　将动物和精灵摆在庭院里，庭院就化作森林，可以根据激发出的想象进行设计

让人觉得"它可能把这里当成森林来玩了"的以小鸟为主题的杂货很受欢迎。　**1** 这是铁制的风向鸡。铁的质感与庭院的绿色融为了一体。　**2** 主人把小鸟摆件放在了门柱上。把小鸟放在枕木和柱子上就能把枕木变成树桩了，这是营造森林氛围的技巧。　**3** 一说到鸟，那就要有鸟窝啊。虽然这是假的鸟窝，但因为它能激发起人们"这里住着小鸟吗"的想象，所以是个非常不错的小道具。

天使摆件也是能让人联想起秘密花园和乐园的人气物品。可以把它藏在树荫下，这会让发现它的人怦然心动。

一只陶制兔子伫立在薰衣草花坛的一角。兔子摆件让人想起了《爱丽丝梦游仙境》，这种设计堪称经典。

也许你会认为把小杂货装饰在庭院里也没什么意义。确实，小杂货并不显眼。但是，当你忽然看向脚边，或看到花坛和混栽的盆花时，如果发现放在那里的小杂货，你就会不由自主地会心一笑。特别是绘本世界中的动物和天使形象的小杂货，它们都很受欢迎。

G a r d e n i n g

4

Q & A

也许能为你排忧解难哦！

Q 日式元素会妨碍造园……

A 如果是设有景石和石灯笼的日式庭院，想要把它改造成与月季相配的充满自然情趣的花园也是非常困难的。这些摆件都非常沉重，想要把它们处理掉是需要耗费人力和财力的，建议找专业人士帮忙。

也有可以直接利用这些日式元素的方法。可以打造一个岩石庭院。如果是自己能拿起来的石头，那么用这样的石头做花坛的围栏也很不错。把大小和形状不同的石头组合在一起，再在缝隙间栽种些绿植，这样就会起到引人注目的效果了。还可以把圆形石头和砖块、平石组合在一起，这样也能制造出石阶的风貌。

石灯笼很容易搬动，可以把它设为庭院里的焦点。

Q 庭树是引起邻里纠纷的原因

A 造园时的常见烦恼就是给邻居添麻烦。注意，不要让生育力旺盛的地被植物和藤本植物"侵略"邻居家。

其中，最容易引发邻里纠纷的就是种在院子里的树。大树的枝叶蔓延无度就会越过邻居家的院墙，花瓣和叶片也会掉在邻居家的院子里，乔木的树荫还会影响邻居家的采光。

在院子里种树时务必要想到它在 5 年、10 年后的高度。如果种在路边或靠邻居家的一侧，请务必考虑到树根的生长状况和枝叶的生长方向，要选择不给别人添麻烦的树木。你眼中的美丽植物也许会成为你邻居的噩梦。

Q 院子里的废品太碍眼了……

A 当庭院越来越美丽时，人造物品就成了碍眼的存在。比如，可以给难看的空调外挂机加上竹帘或栅栏，把它遮挡起来。如果使用市面上销售的遮盖物，那么即便动手能力差的人也是能够轻松遮盖起此类物品的。

塑料花盆越多就越引人注目。用杂货遮挡花盆的方法虽然比较简单，但也可以给花盆刷上一层木板色的涂料。最近看起来像木制盆的花盆价格也很便宜，在选择花盆时就要注意它的外观。

请果断扔掉放在庭院里一年多的备用花盆。废品只会影响庭院的美观。

第**6**章

可以亲手实现理想的造景

跟随插画学习园艺的基本知识

本书所介绍的大多数美丽庭院都不是专业园艺师打造的，而是各位园主亲手打造出来的。如果通过修饰能让亲手培育的植物看起来更美丽，想必你会更爱它们吧？把困难的部分交给专业人士处理，能自己做的部分就踏踏实实地亲自动手吧。

造园必需的10种工具

只要有好的工具，就一定能打造出漂亮的庭院……遗憾的是，二者之间并没有必然的联系，不过找到合手的工具是前提。

手铲子

这是可以单手使用的园艺锹。可以用它来斩草除根，还可以用它往垫脚石和砖块下面填入沙子。因为它是种植花草时的必需品，所以准备一把会比较方便。

参考价格：300日元（约15元人民币）

铁锹

挖地、填砂石等很多作业都离不开铁锹。要选尖头锹还是平头锹？其实，前者的利用率会更高一些。平头锹适合移土、整地。

参考价格：2000日元（约100元人民币）

夯土器

这是为了加固土面而使用的工具。虽然能在家居中心买到专用器材，但也可以自制，只要在圆木上加上结实的柄就能做出夯土器了。

参考价格：3000日元（约150元人民币）

整理
地面

长柄竹箕

这是用来清除含水的泥沙，或捕获在泥沙中生存的鱼类和贝类，类似铁锹一样的短刃工具。在用它造园时，可以不用弯腰就能站着整地或打碎土块。它也可以代替割草用的小锹。

参考价格：1500日元（约75元人民币）

锄头

可用其翻耕庭院的土或打造地栽花坛。它也可以代替铁锹使用。但如果想要耕种较为坚硬的土壤或耕作面积较大的土地时，还是用锄头作业会更方便些。因为锄头的大小和轻重多种多样，所以要选择合手的才行。

参考价格：2000日元（约100元人民币）

碎木板

准备两种尺寸的木板方便使用。30cm×40cm 大小的木板可以代替夯土器使用，非常适合夯实土面。8cm×40~50cm 的细长木板适合用来抹平沙子或测量地面的深度。这种木板也叫手板、挠板。

参考价格：100日元（约5元人民币）

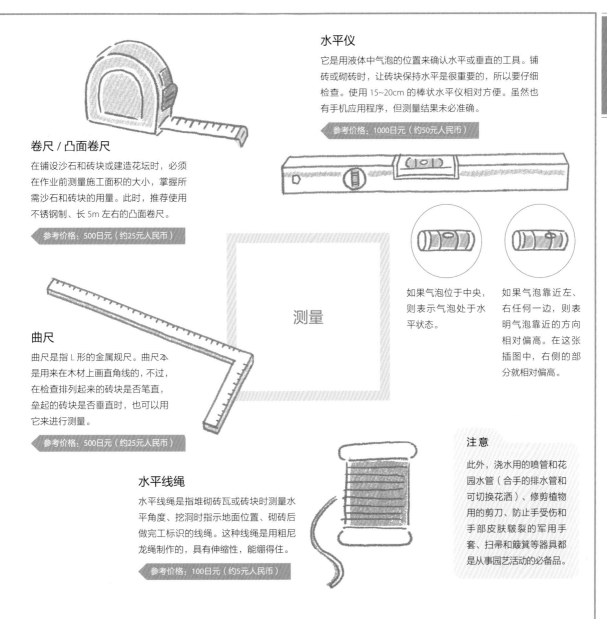

水平仪

它是用液体中气泡的位置来确认水平或垂直的工具。铺砖或砌砖时，让砖块保持水平是很重要的，所以要仔细检查。使用15~20cm的棒状水平仪相对方便。虽然也有手机应用程序，但测量结果未必准确。

参考价格：1000日元（约50元人民币）

卷尺／凸面卷尺

在铺设沙石和砖块或建造花坛时，必须在作业前测量施工面积的大小，掌握所需沙石和砖块的用量。此时，推荐使用不锈钢制、长5m左右的凸面卷尺。

参考价格：500日元（约25元人民币）

如果气泡位于中央，则表示气泡处于水平状态。

如果气泡靠近左、右任何一边，则表明气泡靠近的方向相对偏高。在这张插图中，右侧的部分就相对偏高。

测量

曲尺

曲尺是指L形的金属规尺。曲尺本是用来在木材上画直角线的，不过，在检查排列起来的砖块是否笔直，垒起的砖块是否垂直时，也可以用它来进行测量。

参考价格：500日元（约25元人民币）

水平线绳

水平线绳是指堆砌砖瓦或砖块时测量水平角度、挖洞时指示地面位置、砌砖后做完工标识的线绳。这种线绳是用粗尼龙绳制作的，具有伸缩性，能绷得住。

参考价格：100日元（约5元人民币）

注意

此外，浇水用的喷管和花园水管（合手的排水管和可切换花洒）、修剪植物用的剪刀、防止手受伤和手部皮肤皲裂的军用手套、扫帚和簸箕等器具都是从事园艺活动的必备品。

　　这里介绍的工具并不是造园时必不可缺的工具，它们有各种替代品，可以先使用现有的工具。如果想要提高作业效率的话，还是购买相应工具比较好。但没有必要一次性把所有的工具都买下来。比如，在整地（P.100~101）阶段，只要有夯土器、铁锹、铲子、长柄竹箕、锄头等工具就够了。而卷尺、水平仪、曲尺之类的，在砌砖、铺砖之前是不需要出场的。

　　另外，在购买工具时，选择得心应手的工具是很重要的。可以向家居中心的店员做咨询，并在试用后购买。工具并不是"越贵越好用"，也不是"越便宜越不好用"。而且，有很多工具虽然适合你，但却不一定适合你的家人。特别是园艺工具，很多工具都适合男性使用，所以女性朋友在购买工具时，试用就变得尤为重要了。

整地

最基础且对造园来说最为重要的准备就是整地。在确定造园计划后（P.22～23），在铺设砖块和碎石之前，请认真修整土地。

① 收拾碍事的杂草和碎石

拔掉想栽种植物的地面上的杂草，除掉草根和小石子。要把碍事的杂草和小石子全部清除，把地面整理得干干净净。这项作业不仅需要毅力，还要与腰痛做斗争。切记：绝对不能偷懒！

注意

轻松、干净地拔除杂草的小妙招

如果对杂草置之不理的话，那么杂草不仅会影响庭院的美观，还容易招来可疑人等或盗贼。如果过长的杂草侵入了邻居家，那么它就会成为引起邻里纠纷的导火索。此外，豚草等杂草还是花粉症的过敏源。杂草真是有百害而无一利啊！如果在雨后的第二天或刚下完雨后，趁土壤湿润松软时拔草，那么草根就不易在拔到一半时折断。在拔除杂草时，要牢牢抓住杂草的根部。如果除草后的地洞里还有草根，就要全部除掉。要养成在杂草还小时将之拔除的习惯。

在开始造园时，最重要的作业就是要尽可能仔细地平整地面。如果不认真对待这个环节，那么无论后期铺设多少碎石和砖块，杂草这个"不速之客"也会把辛辛苦苦铺成的砖块挤压变形的。整地虽然是基础作业，但为了营造理想的庭院，请务必多多努力！

整地的作业都是从清除杂草和碎石开始的。可以坐在小马扎上踏踏实实地进行作业。

当障碍物彻底清空时，这里就可以进行地栽或垒砌花坛了。如果铺设砖块、碎石，或设置网格架等构筑物的话，则可以用夯土器加固土壤。这样做是为了消除土壤中的空隙，不让小石子或构筑物逐渐下沉。请踏实地加固土地。

2 平整地面

用长柄竹箕尽可能地平整地面。这时，无论多么认真地工作，你还是会发现残留的杂草和小石子的，要不厌其烦地将之清除。

3 加固地面

要用夯土器（P.98）夯实松软的地面（也叫压实土面）。如果不认真夯实地面的话，后期铺上去的砖块就会上下起伏，令人失望。

或

101

铺设碎石子

这是小院里常见的小路。最简单的保养方法不是铺上砖块和枕木，而是铺上碎石子。这样的小路不仅可以防止杂草的生长，还有着漂亮的外观。其实，这种路也有防盗的功效哦。

折回去

严丝合缝地铺好

注意

事先准备好补充用的碎石子

如果把碎石铺成 1cm 厚，那么每平方米就要使用 20kg 左右的碎石子。但随着时间的推移，碎石子就会逐渐减少，所以适度地补充碎石子就成了必需的作业。与普通碎石相似的石头易于购买，但进口的碎石就不一定能买到一样的了。因此，在买碎石时要预先买出补充量，最好先多买 2~3 袋备用。

(1) 在围墙和墙边铺上折起来的防草布

整地（P.100）结束后，要铺上防草布，可以用美工刀和剪刀调整尺寸。把防草布折成 3~4cm 厚就更容易抵挡墙壁和围墙处的杂草了。

在整地之后铺上砖块小路之前，若不打算铺设砖块和垫脚石，则最好铺上碎石子，这样不仅能让庭院看起来更加美丽，也能防止杂草的生长。

庭院用碎石大致可分为能把庭院装饰得很美丽的彩石，以及踩上去会发出响声、抑制杂草发芽的碎石。彩石的颜色和质地都富于变化，可以根据房屋和庭院的氛围选择与之相配的彩石。

铺设碎石子时，如果直接把石子铺在地上，那么杂草就会从缝隙间生长出来。因此，一定要先铺上防草布。

防草布不仅可以遮挡太阳光，防止杂草从碎石子的缝隙间生长出来，还有防止碎石子被土掩埋的功用。考虑到日后维护起来相对麻烦，防草布和碎石子便都是必备的造园素材了。但是，防草布的使用寿命也只有 2~3 年。因为防草布必然要更换，所以请务必多加注意。

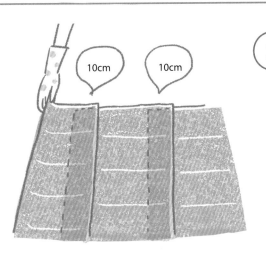

2 剪好的防草垫要叠盖 10cm 左右

如果是角度太大难以覆盖的部分，那就把垫子剪开使用。为了在铺碎石子时不让垫子发生位移，最好把垫子以 10cm 左右的宽度一张叠一张地摆放好。

3 把碎石铺平成 3cm 左右的厚度

在防草垫上铺上厚约 3cm 的碎石子，再前后左右地移动长柄竹箕，使碎石变得更加平整。

4 后期的维护就只剩下清扫落叶和补充碎石子了

因为铺了防草垫，所以几乎不需要除草。只用扫帚或竹耙把碎石子上的落叶扫起来就行了。

用枕木铺设小路

如果想把碎石小路提升一个层次，那么可以尝试设计一条用枕木铺设的小路。枕木小路制造出的能让小院变宽敞、具有纵深感的效果是碎石子所无法比拟的！

1 先给木材刷上保护涂料

为了将枕木埋在地下，要为其刷涂上具有防腐蚀效果的木材保护涂料。为了使涂料渗透入枕木，要用刷子将枕木整体涂满涂料。

2 根据枕木的厚度挖土、整地挖掘时

根据枕木和碎石子（人为地将天然岩石处理成棱角尖锐的小块碎石）的厚度来决定挖土深度，挖好后铺上碎石，用夯土器夯实。

　　枕木本是铁道（轨道）的构成部件。在铁轨下面铺上枕木，这样枕木就能支撑起铁轨的重量了。因为枕木能支撑铁轨和在铁轨上行驶的列车，所以其质地非常结实！近来，因为枕木能与植物相融，并能呈现出自然的风韵，所以人们也都愿意用它来做园艺素材。这里介绍的是用枕木铺设小路的方法。

　　不过，枕木的材料也是多种多样的。从工作效率和素材手感来考虑的话，以下4种枕木较为经典。首先是将实际用于铺设铁轨的枕木回收再利用的栗树或日本扁柏等木材；其次是把新木头切割成枕木的木材；还有进口木材；最后就是使用寿命长，一个人也能轻松铺设的 FRP 树脂制素材。请根据作业效率和风格质量加以选择。除了打造小路，枕木还可以做花坛和栅栏。

　　另外，也可以用铺设枕木的方法来铺设垫脚石或平板。

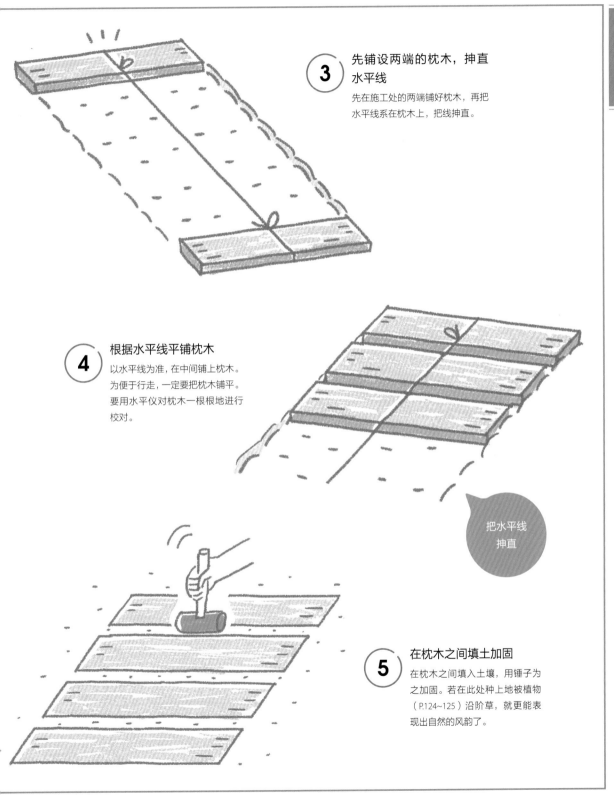

③ 先铺设两端的枕木，抻直水平线

先在施工处的两端铺好枕木，再把水平线系在枕木上，把线抻直。

④ 根据水平线平铺枕木

以水平线为准，在中间铺上枕木。为便于行走，一定要把枕木铺平。要用水平仪对枕木一根根地进行校对。

把水平线抻直

⑤ 在枕木之间填土加固

在枕木之间填入土壤，用锤子为之加固。若在此处种上地被植物（P.124~125）沿阶草，就更能表现出自然的风韵了。

105

铺设砖块

红砖小路是园艺迷们的理想小路。

其实即便不请专业人士帮忙,我们自己也能亲手铺设一条红砖小路。

只要有毅力和体力,初学者也是能打造出美丽的作品的。

宽 1m
长 4m

① 测量铺砖场地的面积
使用卷尺等测量铺砖场所的面积。因为砖的形状和大小不同,这可能会导致砖块超出预计的铺设范围,所以要对面积有个概念。

砖块是最能表现出自然氛围和温暖格调的建材,欧美人常用它来做建材和装修材料。很多人也想用它来做造园的建材。

这里介绍的是一种不用砂浆和混凝土等胶凝材料就能铺设砖块的方法。这种方法不仅可以多次铺设砖块,还可以不必像手艺人那样手脚麻利地赶工,园艺新手也可以大胆尝试。

话虽如此,但挖洞、铺设路基、平整施工面等基础工作还是很费力气的。不过,只要把基底彻底铺平,那么铺砖就会变得异常轻松了。不要急于求成,要专心地做好③~⑥的环节。

若不想使用胶凝材料但又想把砖块严密铺好的话,为了不让人或车把砖块压裂,推荐使用比一般的砖更硬的专用烧砖。这种砖的宽长比为 1:2,不用胶凝材料也能整齐地铺在一起。而且,因为砖块易于横竖组合,也可以尝

一行铺设 5 块砖即可使小路的宽度达到 1m

20cm
10cm
1m

1m

1m² 约 50 块砖

2 算出所需砖块的数量

标准砖块的边长约 20cm，短边约 10cm。以这个数为基准，算出想要铺设的地方所需的砖块数量。1m² 大约需要 50 块砖，4m² 大约需要 200 块砖。

铺满 1m² 需用 50 块砖
如果是 4m² 的庭院就需要
约 50×4= 约 200 块砖

3 计算挖土深度

铺砖块时要根据砖面的载重来决定路基材料的厚度。供人通行的小路只需准备 6cm 厚的路基材料就够了。即，所用砖块的高度 5~6cm 和沙子的厚度约 3cm，加上路基材料 6~10cm，合计需要挖土 14~19cm 深。

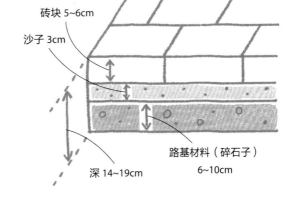

砖块 5~6cm
沙子 3cm
路基材料（碎石子）6~10cm
深 14~19cm

试用 2 块砖组成正方形的格状图案或人字形平行花纹图案。

在最后的工序⑨，也可以在接缝处使用沙子以外的东西。如果使用一浇水就会凝固的浸透性土，那么这种土就能像混凝土一样严严实实地填满接缝，这样就不用担心杂草的生长了。此外，也可以使用花园石等外观美丽的碎石子。

注意

多买一些砖可以降低外观受损的风险

实际上，即使都是市面上卖的砖块，质感也是稍有差别的。因此，在砖块不足或破损时，如果后期追购，那就会出现前后风格不一致的问题。特别是在小庭院里，后补的砖块会显得很扎眼。因此，还是一次性多买些比较好。不过，大量的砖块也很重、很占地方，所以在决定购入砖块的数量时，必须考虑搬运方法和保管场地。

转下页

铺
设
砖
块

④ 把铺砖块的地方挖得像③那么深

像前页③那样算出深度，用铁锹挖土。挖取出来的土可以用在花坛里。如果土壤为黏质土，则可以加入珠光体等土壤改良剂；如果是沙质土，就应加入赤玉土，这样就能调配出适合植物生长的土壤了。

⑤ 加入路基材料，牢牢加固

加入路基材料，用夯土器把土面牢牢压实。如果没有夯土器，也可以站在平板上用体重把土面踩实。有些家居中心可以租赁转压机，可以好好利用。

⑥ 加 3cm 厚的沙子，再将之抹平

在⑤的上面用长柄竹箕加入湿沙子（厚度约 3cm），用板子抹平。此时，施工面的深度如果和砖块的高度不一样的话，那么竣工后的表面就不会和土面平齐。如果坑太深，则需加入沙子，再反复用木板把坑抹平。

⑦ 从前向后铺设砖块

为了消除砖块间的空隙，必须仔细铺设。此时，若是从近前处向里侧铺砖，那么就可以坐在砖块上作业了，这样工作会很轻松，同时也可以用体重来压实砖块，可谓一举两得。

⑧ 用橡胶锤做调整，确保砖块平整

铺好砖块后，要从侧面观察砖块是否平整。可从上方用橡胶锤敲打突起的砖块，这样才容易把砖块压实。反之，如果砖块下沉得太深，就需要加入沙子做调整。要用水平仪仔细检查砖路铺得是否平整。

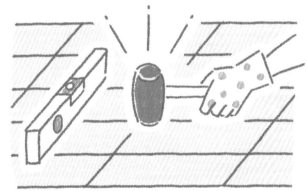

⑨ 往砖缝里填沙子加固

往砖上撒沙子，用扫帚扫开，让沙子填满砖缝，使其与砖块融合在一起。此时，沙子会掉落到接缝的深处。几天后，要重复这项作业。同时，用水平仪确认砖块铺得是否平整，并做出调整。

打造地栽花坛

用砖块或枕木砌成的花坛固然很漂亮，但小庭院也应该采用地栽式花坛。找个光照好、通风佳的位置，打造一个引以为傲的角落吧。

注意

1m² 所需的资材数量

堆肥：5~10g
腐叶土：5~10g
赤玉土：5g
土壤改良剂：5g

1 确定花坛的位置、大小和耕种范围

仔细清除在土表的石头和扎根很深的杂草。接着，轻轻挖开目标地点的外围，确定耕种的范围，即想要打造花坛的场地。

2 挖土耕地时深深插入铁锹

要先用脚把铁锹深深地踩进土里，并用杠杆原理抬起土壤。按照这个要领，将①确定的范围内的土地挖 30cm 深。

　　用砖块和枕木做的花坛既能营造出鲜明的风格，又能让庭院看起来具有立体感。但小院子的空间是有限的，如果有向阳、通风好的位置，也可以尝试修建地栽花坛。

　　必须给地栽花坛配好土。不过，只把肥料混合在一起是不够的。务必创造出利于植物扎根、吸水的环境，要改良土壤，使其能够长期维持这种环境。培土的作业几乎都是耕地、拌石灰和调配腐叶土的重体力劳动。可以一边休息，一边把土块敲碎，让空气温和地融入土壤，只有用心耕作才能培育出好的土壤。

　　另外，好不容易调配好的土壤也会因为风雨的侵袭和平时浇水的冲刷而逐渐流失。这样一来，植物也会变得瘦弱不堪。请在地栽花坛的周围设置砖块等建材，把它和其他土地区分开来。

③ 把挖出来的土敲碎

用锹头把挖出来的土块敲碎，以便松土。
用锹背拍碎土块。要认真剔除从土里挖出
的石头和草根。

用锹轻轻地
把土摊平

④ 耕作整个花坛后，轻
轻地把土摊开

重复步骤②～③，耕作整片
土地，再用锹背把土壤平整
地摊开。

⑤ 撒上苦土石灰，与土壤拌匀

在耕作过的所有地方都要均匀地撒上一层
薄石灰，要用铁锹把土搅拌均匀。石灰在
吸水后马上就会凝固，撒下之后要迅速搅
拌。很多花草都喜欢中性～碱性的土壤，
不过，在多雨的日本，土壤中的钙元素容
易流失殆尽，所以日本的土壤就容易变成
酸性土。因此，需要用石灰为土壤做中和
处理，使土壤的酸碱度接近中性～碱性。

转下页 →

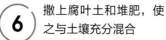

打造地栽花坛

6 撒上腐叶土和堆肥，使之与土壤充分混合

⑤一周之后，撒上腐叶土和堆肥，使之与土壤充分混合。根据土质，此时要混合进赤玉土或土壤改良剂。

堆肥

腐叶土

7 挖出埋花坛建材的沟

为了围起耕地，需要挖一条埋花坛建材的沟。花坛建材一旦变形，泥土就会流失，所以要把沟挖到材料的三分之一深，这样会比较稳定。

8 摆放花坛建材

在摆好花坛建材后，把土填入建材和沟之间，将外侧踩实。为了不让好不容易调配好的土壤流失掉，要把建材结结实实地填埋好。

9 一周之后就可以种植花草了

在制作出混有腐叶土和堆肥的土壤后，需再等待一周左右。要先养土，再种花草。

第7章

第 **7** 章

建议在小庭院里栽种，
新手也能轻松培育的植物图鉴

春夏开花植物、秋冬开花植物、月季、多肉植物、芳香植物、地被植物、花树＆庭树

这里介绍的是即使在小院子里也能长得很漂亮的植物。本章刊载了很多能在日本高温多湿的环境下开花的改良花卉园艺品种。在成为园艺达人之前，请积极地选择适合初学者的植物。如果选择本章介绍的花卉品种，那么从建造庭院的第一年起，你的小院就会呈现出华丽动人的美景。

春季 & 夏季植物图鉴

这里介绍一些在春夏两季能绽放色彩艳丽的鲜花、适合栽种在小庭院里的花草。另外，带有 S 标志的都是经过改良、便于培育、颜色鲜艳、适合新手栽种的"Suntory Flowers"（三得利花卉）园艺品种。

六倍利

桔梗科半边莲属 / 3 月上旬—5 月下旬栽种，4 月—10 月开花 / 株高 15~25cm

这是新手也能使其轻松越夏的花卉，其温柔而蓬松的团状花形很有魅力。应将之栽种在光照可达半天以上的地方，每平方米以栽种 9~10 株为宜。提早摘芯会使其易于长成花球状。它有青、白、粉、紫等 6 种花色。

矮牵牛

茄科碧冬茄属 / 3 月上旬—5 月下旬栽种，4 月—10 月开花 / 株高 15~25cm

矮牵牛会开很多花，其花形为漏斗状，带波浪边。应将之栽种在阳光直射可达半天以上的地方，每平方米以栽种 4~6 株为宜。其花色有紫、黄、红等鲜艳的 13 种颜色。大花的花径为 7~10cm，中花的花径为 4~6cm。

蓝扇花

草海桐科草海桐属 / 5 月上旬—7 月中旬栽种，5 月—10 月开花

此花既能忍耐夏季的酷暑，又具有清凉的色调。它花形紧凑，开花密度高。应将之栽种在光照可达半天以上的位置，每平方米以栽种 5 株为宜。此花共有粉色、浅蓝色等 4 种颜色。培育时不需要摘芯。它的株高为 25~30cm。

飘香藤

夹竹桃科飘香藤属 / 4 月中旬—6 月下旬栽种，5 月—10 月开花

要把它养护在直射阳光可达半天以上的地方。它有深红、杏红等 6 种花色。藤蔓的长度在 1.5m 左右。此花生长速度缓慢，会早早开花。如果藤蔓伸长，就要为其设立支柱，这样它就会呈现出照片上的花姿了。

紫罗兰

十字花科紫罗兰属 / 9 月—10 月栽种，3 月—5 月开花 / 有黄、白、粉、紫等花色

紫罗兰的株高为 20~80cm，香气怡人。它有单瓣、重瓣各类品种，且花朵富于变化。应将之栽种在光照、通风良好的地方，花苗间距应设为 20cm。因为其根部容易受伤，所以要轻拿轻放。

异果菊

菊科异果菊属 / 3 月—4 月栽种，2 月中旬—6 月上旬开花

它是在早春到初夏开花，并于 6 月枯萎的一年生草本植物。它的株高为 20~50cm，有黄、白、橙、褐等 4 种花色。要把它种植在阳光充足、干燥的地方。与其长得一模一样的蓝眼菊是多年生草本植物，二者的养护方法都是一样的。

一年生花卉 二年生花卉

从播种到发芽、开花、结果、枯萎的周期是一年的植物就是一年生花卉。当年播种，次年开花并结束生命的，就是二年生花卉。虽然频繁栽种比较麻烦，但却能让人看到年年不同的美景。

翠雀

毛茛科翠雀属 /10 月—12 月上旬或春季栽种，5 月—6 月开花

它虽然是宿根植物，但因为不适应日本高温潮湿的环境，所以可以把它当成一年生花卉来养护。它的株高为 20~150cm。虽然此花有很多改良品种，但都要栽种在光照、排水、通风良好的地方。

万寿菊

菊科万寿菊属 /4 月中旬—6 月栽种，4 月—12 月开花 / 株高 20~100cm

此花为一年生花卉，能长期绽放鲜黄色和橙色的花朵。此花可在日照和排水条件良好的地方很好地生长，且不挑土质。在家庭菜园中，它能以伴侣植物的身份发挥驱虫的作用。

多年生草本花卉

多年生草本花卉指能存活两年以上的草本花卉。因为不必对其进行移栽，所以它是栽种在花坛前方、边角、边缘、分界线处的重要植物。

三色堇

堇菜科堇菜属 /10 月—12 月栽种，10 月—5 月开花

此花有白、红、粉等多种花色，且每片花瓣的颜色都各不相同。其株高为15~20cm。最好把它栽种在通风好、日照充足的地方。要勤快地摘除残花。此花惧怕潮湿的环境。

舞春花

茄科舞春花属 /3 月中旬—5 月下旬栽种，4 月—10 月开花

此花约有 15 种丰富的花色，还有花径为3cm 左右的小朵花和花径为 4~6cm 的大朵花，若是把各种花朵混搭在一起，那么效果就会更加惊艳！应将之栽种在阳光直射可达半天以上的地方，每平方米以栽种 5~6株为宜。此花适合在干燥的环境下生长。

宿根花卉

一种多年生草本花卉。低温和干燥的气候会使植株上半部分枯萎，但其根部却不会冻死。在设计庭院时，需要多多注意这个问题。

长春花

夹竹桃科长春花属 /5 月上旬—7 月中旬栽种，5 月—10 月开花

它那花径为 2~2.5cm 的极小小花紧紧地聚在一处，竞相绽放。应将之栽种在阳光直射可达半天以上的地方，每平方米以栽种9~12 株为宜。其株高为 20~30cm。它有白、粉、珊瑚色等 6 种花色。注意不要浇水过量。

关 键 词
越夏

受全球气候变暖影响，日本植物的越夏真是一年比一年困难了，所以夏季更要加强对植物的照顾。要在凉爽的早晚给植物浇水。但要注意的是：浇水过多会致使植物烂根。日本的梅雨期高温潮湿且日照不足，这样的气候容易致使植物徒长变形。要对植物勤加修剪，以免其生长环境变得闷热难耐。花谢之后也要认真修剪。如果阴雨连绵，就要为植物挡雨，可以把养花箱和花盆等移到屋檐下。盛夏之于植物也是最为痛苦的季节。其实，当气温超过 30℃ 时，植物的生命力就会变得十分脆弱，且容易受到病虫害的侵害。为了避开直射的阳光和夕阳，最好给植物竖起遮光的帘子。

秋季&冬季植物图鉴

秋冬是缺少鲜花、令人感到无趣的季节。这里介绍的是在这两个季节依然会努力盛放的经典品种和"Suntory Flowers"（三得利花卉）的园艺品种（S标志）。

报春花"温蒂"（Winty）

报春花科报春花属 / 11 月中旬—2 月中旬栽种，1 月—4 月开花

此花上扬的众多花穗会蓬松绽放，因为它是严冬期的"救世主"，所以也是一种较为经典的花卉。栽种此花时，每平方米以栽种 10~15 株为宜。它的株高为 40~60cm，花径为 1~2cm。既可以把它栽种在光照可达半天的地方，也可以把它栽种在全日照处。照片里有 4 种花色。在养护时，不可使其缺水。

铁线莲

毛茛科铁线莲属 / 12 月—2 月中旬栽种，4 月中旬—10 月开花

此花有白、红、粉等丰富的色彩，适合与月季搭配在一起，因此被称为藤本植物中的女王。其藤蔓的长度可达 20~300cm。因为此花喜欢阳光，所以应将之栽种在光照可达半天以上的地方。它有一季开花和四季开花的品种。

番红花

鸢尾科番红花属 / 8 月下旬—9 月栽种，10 月中旬—12 月上旬开花

番红花是可爱的开紫花的多年生草本花卉。应将之栽种在光照和通风良好的地方，并保持 10cm 的间距。土表干了就要为其浇上充足的水。初夏时，此花的茎叶会渐次枯萎，要稍微控制浇水量，令其进入休眠状态。其株高为 10~15cm。

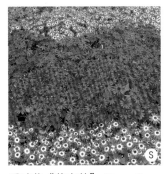

瓜叶菊"萨内蒂"（Senetti）

菊科瓜叶菊属 / 9 月中旬—10 月下旬栽种，11 月—5 月开花

应将此花栽种在阳光直射可达半天以上的地方，以每平方米栽种 9 株为宜。其株高为 40~50cm，花径为 5cm。此花有 4 种可衬托秋季庭院的花色。此花耐寒性较强，会不断地绽放新的花朵，即便在冬天，你也能欣赏到它盛开的鲜花。

仙客来

报春花科仙客来属 / 11 月下旬—12 月中旬栽种，11 月中旬—2 月开花

此花有香薰般的清爽香气和青紫色系的高雅花色。虽然要将之栽种在阳光充足的地方，但也要避免阳光直射。冬季应在上午气温较高时段为其浇水。如果土壤比较潮湿，就暂时不需要给它浇水。可以把它送给亲朋好友，收到此花的人也一定会很开心。

菊花 / 小白菊

菊科 / 3 月—5 月栽种，9 月—11 月开花 / 多年生草本植物

此花有白、粉等丰富的花色，且易于栽培。其株高为 10~50cm。应将其栽种在稍高些的花坛（抬高苗床）和坡地等排水好且阳光充足的地方。越冬时，为了使其免遭霜冻，要在其根部为之铺上防寒的堆肥。

耐寒性

植物的原产地不同，其耐寒性也不同。虽然这里介绍的品种都比较耐寒，但其实植物都不太耐寒，养护时务必对它们精心照顾。

10℃

判断植物是否耐寒的标准是最低气温为10℃。如果温度在0~10℃之间就需要采取防寒措施的话，那么这种植物就属于半耐寒植物。如果植物能耐受的最低温在10℃以上，则为不耐寒植物。

秋季栽种

宿根花卉和秋季种植的一年生花卉里有很多耐寒性强的品种，这些植物即便地栽，也能平安过冬。而春天种植的植物会比较怕冷，养护时也需要一定的越冬技术。

羽衣甘蓝

十字花科芸薹属 / 5 月—9 月栽种，11 月—3 月为观赏期 / 二年生·多年生草本花卉

它是为冬季枯燥的庭院增添色彩的珍贵品种，是新手也能轻松养护的生有彩色叶片的植物。其株高为 5~100cm，适合生长在阳光充足的地方。种植时需充分浇水，此后，只要土壤不是特别干燥，就应尽量少浇水。

鄂报春

报春花科报春花属 / 9 月种植，12 月—4 月开花 / 多年生草本花卉

此花花色丰富，花期较长，即使在光照稍差的条件下也能长得很好，是多年生草本花卉。其株高为 20~30cm。因为此花耐寒性较弱，所以适合盆栽。此花适合在有半天光照的地方生长。

一品红

大戟科大戟属 / 4 月种植，12 月—2 月开花

此花拥有像花束一样可爱的外观和花色。此花既耐暑又耐寒，生命力顽强，且能长期观赏，具有 8 种华丽的花色。它的重瓣品种也很美丽。此花适合在阳光充足的地方生长，要等到土表干燥后再充分浇水。

重瓣木茼蒿

菊科木茼蒿属 / 10 月—11 月、2 月—4 月栽种，10 月—12 月、3 月—6 月开花

此花茂密的花朵会带给人巨大的视觉冲击。此花共有 8 种花色。应将之栽种在阳光直射可达半天以上的地方，每平方米以栽种 4~6 株为宜。其株高为 30~40cm，花径为 3~4cm。每株的冠幅为 30~40cm。如无霜冻和降雪，那么此花在关东以西地区也可以越冬。

木茼蒿

菊科木茼蒿属 / 3 月—5 月和 9 月—10 月栽种，11 月—5 月开花

在关东以西地区，如果外边不结霜，那么此花就可以在室外越冬。从冬季到春季都可以观赏到它白、粉、黄等各种颜色的花朵。其株高为 30~100cm。应将之栽种在南面、向阳等没有寒风侵袭的地方。如果把它种在花园里，那么在梅雨季节就要将之放在通风好的地方。

关 键 词
越冬

为了让好不容易精心培育的花草顺利过冬，次年也能开心观赏，这里介绍的是越冬的窍门。植物在气温下降时不需要太多的水，所以从秋天开始就要减少浇水的量和频度。植物在干燥的环境下生长就会变得很耐寒。另外，在寒冬来临之前，要让植物尽可能多地接受太阳光照射。为了防寒，一般可以用腐叶土和树皮等覆盖地表，也可以用塑料袋和无纺布、包装用的泡沫垫、纸壳覆盖整个植物。如果是盆栽等，请将其移到温暖的室内避寒。

月季图鉴

这里介绍的是让"京成玫瑰园艺"帮忙优选的易于栽培、能够衬托小庭院之美的月季。先选择 1~2 株适合你家花园的品种，再动手打造一个袖珍月季花园吧。

浪漫艾朱 `半藤本`

四季开花 / 浅杯状花形 / 花径 7~8cm/
树高 2m/ 半藤本

此花拥有白底粉红色的花朵，适合缠在拱门和杆子上。即使将其笔直地向上牵引，它也会有 3~5 朵花密集地簇生在一起，花朵会从枝条根部一直开到枝头。此花的抗病性强，花瓣很有质感，且结花较多。

伊奈美 `藤本`

四季开花 / 碗状花形 / 花径 10cm/
树高 2.5m/ 藤本

这种藤本月季花色为清新的浅黄色，花朵硕大。因为此花的抗病性较好，所以适合新手养护。虽然此花只有 20~30 片花瓣，但等植株长大后，就会绽放很多花朵，所以它的样子看上去也非常华美。

甜蜜漂流 `盆栽`

四季开花 / 重瓣 / 花径 4~5cm/
树高 0.4~0.7m/ 横向生长

此花拥有亮粉色的重瓣花朵。它的每一枝都会生长 5~10 朵花径约为 5cm 的成簇花朵，从春天到晚秋依次开放。此花横向生长，在树枝长粗后会自然呈现出浑厚的花姿。无论地栽还是盆栽，此花都很容易培育。

索莱罗 `半藤本`

四季开花 / 莲座状花形 / 花径 7~8cm/
树高 1.5m/ 横向生长

柠檬黄色的花朵虽然很小，却有很多莲座状排列的花瓣。与以往的黄色月季相比，此花的抗病性较好。浓绿色的叶片能把花色衬托得美美的。此花真的花如其名，长得就像太阳一样。

重瓣绝代佳人 （Double Knock Out） `盆栽`

四季开花 / 花瓣如剑，花心高耸 /
花径 7~8cm/ 树高 0.9~1.2m/ 半横向生长

此花具有公认的顽强生命力，它直立生长，且花朵大小适中。因为此花结实易养，所以能够地栽。又因为此花的植株不会长得很大，所以也可以盆栽。此花可耐夏季高温，且抗病能力强，它能从 5 月初一直开到初冬时节，具有非常高的观赏价值。

美丽樱桃 （Cherry Bonica） `庭栽`

四季开花 / 杯状花形 / 花径 7cm/
树高 0.7~1m/ 横向生长

此花是新手也能轻松驾驭的品种。不必辛勤养护，此花也能接连不断地绽放小巧的圆形花朵。一根枝条上的花在绽放时，另一根枝条就会迅速生长，这样就会花开不断。它的树形茂密紧凑，对白粉病和黑星病也有很强的抵抗力。

ⓘ 藤本品种

藤本月季是枝条能够攀爬的月季，可以用它们来装饰墙壁和窗框。

ⓘ 半藤本品种

灌木月季。此类品种结花多，生命力顽强，枝条不像藤本月季那样能长得很长。此类月季适合做攀爬方尖碑式支柱，在小庭院里也能立体绽放。

ⓘ 直立性品种

灌木月季。此类品种植株直立生长，大致可分为大朵四季开花的杂交茶香月季和花朵大小适中、成串开花的多花月季。树高为0.6~1.8m。

深红波尔多（Deep Bordeaux） 庭栽

四季开花 / 圆形莲座状花形 /
花径 8~10cm/ 树高 1.5m/ 直立性
此树的长势非常旺盛，枝条呈小灌木状伸长，但因为是直立性品种，所以不会走形。可在冬天剪短它的树枝，让它保持美好的树形。此花有较强的抗病性和耐寒性，其香味与深红色的花朵都十分高雅。花瓣数为50~70片。

汉斯·戈纳文 庭栽

四季开花 / 圆形重瓣 / 花径 6~8cm/
树高 1.5m/ 半横向生长
它粉红色的杯状花朵会数朵一簇地簇生绽放。此花结花多，秋天也能开花。它的枝条坚硬结实，可将其做袖珍型灌木培育，所以适合将之栽种在花坛或花盆里。它的叶片光泽美丽，抗病能力也很强。

爆米花漂流 盆栽

四季开花 / 圆形重瓣 / 花径 4~5cm/
树高 0.4~0.5m/ 横向生长
此花花色会从黄色逐渐变成奶油白，在开花时数量多得像要溢出来一样，因为其抗病性较强、耐寒耐暑、生命力顽强，所以适合新手栽种。除了栽种在花盆里，也可以把它栽种在庭院或吊盆里。

约翰·保罗二世 盆栽

四季开花 / 半剑状花瓣、花心高耸 /
花径 11~13cm/ 树高 1.5m/ 直立性
此花在白色月季中很少见，是花的大小、质感、形状都很优秀的品种。即使在潮湿的环境下，它的花瓣也不易沾染污渍，且能够保持美丽的花姿。此花生育力旺盛，抗病性强，其深绿色的叶片能很好地衬托花色。

拉丽莎·巴尔可妮雅
（Larissa Balconia） 庭栽

四季开花 / 圆形莲座状花形 /
花径 8~10cm/ 树高 0.6m/ 半横向生长
樱花粉色大小适中的花朵会成串绽放，开在枝头。因为此花对白粉病和黑星病有很强的抵抗力，所以初学者也能轻松驾驭。此花的体积虽然很小，但却可以开出很多花朵，所以它的盆栽花也能让人领略到月季花园的情趣。它的花瓣数约为100片。

关 键 词
四季开花

月季按开花方式可分为四季开花、反复开花、反季开花、单季开花4种类型。单季开花的品种在冬天修剪时，如果剪得太狠，那么到了次年它就不会开花了，所以要注意修剪的尺度。四季开花或反季开花的类型会在发芽后开花，所以修剪失败会导致结花数较少，有时甚至完全不开花。容易通过修剪来调整树高的四季开花类型适合高手养护，且最适合栽种在小庭院里。另外，本页介绍的乍一看是"京成玫瑰园艺"推荐的适合高手栽种的四季开花品种，但这些月季其实都是生命力很顽强的品种。

多肉植物图鉴

不必频频浇水、耐温差、耐阴的多肉植物是小庭院里的名配角。多肉植物不仅可以混栽在养花箱里，还可以用它来填补花坛的余白。

石莲花

景天科石莲花属 /
春秋生长品种

它颜色鲜艳的叶片重叠成了莲座状。从晚秋到春天，若将其摆放在光照良好的位置，则其叶片就会变成美丽的枫叶色，并会从初春到夏季开放小花。我们全年都能欣赏到它的千姿百态。

佛珠

别名：绿铃 / 菊科千里光属 /
夏季生长品种

此花是广为人知的人气观叶植物。其球形的叶片长在细细的茎上，并会不断地向下垂生。需给它多浇些水，它喜欢半阴的环境。如果将其种在吊盆里或挂在栅栏与板墙上，则更能凸显出它的美感。

黑法师 / 莲花掌

别名：圣西蒙 / 景天科莲花掌属 /
冬季生长品种

此花生长在强光下会长出有光泽的深黑紫色的叶片。但是，此花不耐日本夏季的酷暑，要注意通风。可通过修剪让它生出形状美丽的多处分枝。此花也有夏季生长的品种。

七福神

景天科石莲花属 /
夏季生长品种

它圆形的叶片像花瓣一样铺展开来，就像个形状优美的小碗一样。过去，此花一直被养在民宅的屋檐下，可见其生命力是有多么的顽强。养护时不要让水滴到它的叶心。此花可在春秋时进行庭栽，冬夏时则要把它移栽到花盆里，并搬进室内养护。

白牡丹

别名：卡哇 / 景天科风车石莲属 /
夏季生长品种

它由白色渐变到浅桃红色肉肉的叶片生得十分紧致，呈莲座状，看上去很有存在感。此花适合新手养护，它是胧月和石莲花属的"静夜"杂交而成的品种。最近，大家都喜欢把它造型成照片中的样子。

景天

景天科景天属 /
春秋生长品种

这是有着 400 多个品种的多肉植物。它的生长形态也是多种多样的。比如，有的品种是呈土丘状群生的，有的品种是茎条下垂的，也有的品种是茎条向上群生的。此类植物多被用于屋顶绿化，它在长大之后就会形成一片漂亮的绿毯。

生长期

多肉植物大致可分为夏季生长品种和冬季生长品种，两类植物都有停止生长的休眠期。如果多肉植物在此期间得不到充分的休息，那么它的长势就会逐渐衰弱。

 夏季生长品种

大部分的多肉植物均为此类品种。此类多肉植物会在 4 月—9 月的温暖季节生长（酷暑期除外）。可在 3 月中旬—4 月对其进行移栽。11 月—次年 3 月是此类植物的休眠期，在此期间不必为其浇水。

冬季生长品种

此类多肉植物是原产自南非和高山野生地区的品种。它们在 9 月—次年 4 月的凉爽季节生长（严寒期除外），可在 9 月对其进行移栽，5 月—8 月是它们的休眠期。在此期间，要注意为其防暑防潮。

长生花

别名：红牡丹 / 景天科长生花属 /
春秋生长品种

此花的叶片比较大，很像一朵大大的花。它有光泽的红铜色很是怀旧，是受人欢迎的品种。此花生命力顽强，适合新手养护，可耐高温潮湿。若是地栽，应将之栽种在排水良好、夏季半阴的地方。

爱之蔓

别名：吊金钱 / 夹竹桃科吊灯花属 /
春秋生长品种

此花的特征是生有可爱的心形叶片和独特的网眼花纹。此花不仅外观精致，其生命力也格外顽强，它既不怕盛夏的强光直射，也不怕干燥的环境。除了把它种在吊盆里，还可以用它来点缀墙面。如果它的藤蔓长得太长，就要对其适当地修剪。

白毛掌

别名：白桃扇 / 仙人掌科仙人掌属 /
夏季生长品种

此花喜欢向阳、通风良好的场所。因为它耐干燥，所以可以等土壤干透了再为其浇水。冬天要减少浇水量。因为它看起来像可爱的兔子，所以也可以用它来作为庭院的亮点。它是生命力顽强、易于养护的仙人掌。

马齿苋

马齿苋科马齿苋属 /
夏季生长品种

同类植物还有带斑纹的品种"雅乐之舞""银杏树"等，也有长到将近 80cm 的品种。此花在长大后，植株就会变得十分粗壮，其侧芽也会逐渐增加，株体变得威风凛凛。要尽量把它养护在阳光充足、通风良好的地方。

紫竹梅

别名：紫锦草 / 鸭跖草科紫露草属 /
夏季生长品种

在强光的照射下，它的叶片就会变成亮紫色。在日本关东以西地区，它是可以地栽的经典植物。它的茎是直立的，但随着株体的逐渐成长，茎也会渐渐地倾倒下去。

> **关 键 词**
> ### 叶插法、分株法
>
> 多肉植物以易于养护而闻名，但如果长时间不换土（移栽），它就会因营养不足而逐渐枯萎。当它处于生长期时，应每年对其进行一次移栽。在良好的环境下，多肉植物也容易繁育。叶插法是把植株上的叶片摘下来放在土表的育苗方法。如果每隔三四天用喷雾器对叶片喷一次水的话，那么几周后它就会生根发芽。如果是从根部长出幼株的品种，则可以通过分株法对植物进行繁育。要先把植物的根切成两半，取出幼株，整理受损的根，令其干燥三四天。之后，才可以把它种在土里。施肥过多是有百害而无一利的。将液体肥稀释成两三倍为之喷洒就行了。

注：没人会以学名来贩售多肉植物，大家多会用其别名和科名、属名进行出售。多肉植物的名称随时会发生变化。

芳香植物图鉴

美丽的芳香植物不仅能烘托庭院的氛围，还能给我们的生活带来帮助。楚楚动人的芳香植物在庭院一角和阳台上也能长得既结实又有魅力。

菜蓟

多年生草本 / 株高 1.5~2m，叶长 50~80cm/
收获期 5 月—6 月

因为菜蓟耐干燥且不太需要肥料，所以很容易培育。可在它的花蕾长到 10~15cm 时，在开花之前对其进行收割。虽然菜蓟放任不管也能生长，但注意不要错过仅有一个月的最佳尝鲜期。

圆叶薄荷

多年生草本 / 收获期全年 /
株高 30~60cm

圆叶薄荷虽然喜阳，但在半阴处也能很好地生长。因为它的生长力十分旺盛，所以栽种时要为其多留些间距来。收获圆叶薄荷的窍门是一边收割一边种植。薄荷属的植物也有很多，培育方法以圆叶薄荷为标准。

鼠尾草

多年生草本 / 收获期 3 月—11 月 /
株高 20~150cm

鼠尾草自古以来就是一种草药，在它的花期（8 月—10 月）时，人们多称其为紫薇花。鼠尾草喜欢光照足和通风好的地方。因为这种植物长得又大又茂盛，所以栽种时要确保其生长空间。

百里香

多年生草本 / 收获期全年 /
株高 15~40cm

百里香有很多品种，大致可分为直立性品种和像地毯一样铺开的匍匐性品种。如果根部通气性不好，那么植株就会枯萎，所以要经常为其修剪，让茎叶间留出空隙，保持良好的通风。它的花期在 4 月—6 月。

罗勒

一 / 多年生草本 / 收获期 5 月—10 月 /
株高 30~90cm

罗勒喜欢日照充足、排水性好的地方。地栽的罗勒会出现桩化现象，并会长得很大，所以各株之间应留出 40~50cm 的距离。应在幼苗阶段反复摘芯，这样就会增加叶片的数量。罗勒有着沉稳的风格，会让庭院变得热热闹闹的。

欧芹

多年生草本 / 收获期 3 月—12 月中旬 /
株高 10~30cm

欧芹喜欢阳光充足、通风良好的地方，但却不耐盛夏阳光的直射。每盆可栽 3~4 株苗，若强行分株就会损伤它的根须，要保证其根须的完整性。它的花期为 6 月—7 月。

🛈 春季的养护技巧

这是栽种芳香植物的最佳季节。因为此时芳香植物的繁殖能力较为旺盛，所以要为其留出充分的生长空间。若在这个时期对其进行摘芯、修剪，那么它的枝叶就会长得很茂盛，且收获量也会增加。

🛈 夏季的养护技巧

很多芳香植物都喜欢凉爽干燥的气候，而并不喜欢日本高温潮湿的气候。在梅雨期来临之前，要注意疏通茎叶、枝条，保持植株间的通风性，以便平安越夏。

🛈 秋季&冬季的养护技巧

气温一降低，就要迅速减少浇水的次数，并在干燥的环境下对植物进行培育。即使植物有一定的耐寒性，也要注意防范霜冻。可用稻草或腐叶土堆覆盖植株，为其保温防寒。

茴香

多年生草本 / 收获期全年 /
株高 100~200cm

茴香喜欢生长在阳光充足、通风性良好的地方。若气温能保持在 5℃ 以上，那么它也很容易在户外过冬。稍大些的苗不容易扎根，所以要选小苗进行栽种。地栽的株距要保持在 60cm 以上。因为若茴香长得太高就会不方便移栽，所以要提早动手。

薰衣草

常绿灌木 / 收获期 5 月—8 月中旬 /
株高 20~100cm

薰衣草喜欢阳光充足，通风性和排水性都相对较好的地方。为了保持良好的通风，栽种时要把土堆成高高的畦。薰衣草不喜盛夏的高温潮湿，严禁对其浇水过量。在收获的同时，要对其进行频繁的修剪。

芝麻菜

一年生 / 收获期 4 月—6 月 /
株高 20~100cm

芝麻菜的播种与培育都很简单。把种子撒在阳光充足、通风良好的地方，当叶片相互接触时，就要把小苗的间距拉开，株距可控制在 20cm 左右。春播和秋播的芝麻菜都很容易培育。它的花期在 5 月—6 月。

迷迭香

常绿小灌木 / 收获期全年 /
株高 20~150cm

要把迷迭香栽种在光照充足和通风性良好的地方，把它的根部固定在土壤中稍高些的位置。如果通风性不好，则其下部就会因闷热而变黑枯萎。在酷暑来临之前，要在收获的同时对其进行修剪。它的花期为 7 月—11 月。其匍匐生长的特性刚好适合栽种在庭院的边缘。

月桂

常绿乔木 / 收获期全年 /
株高 0.3~10m

月桂既耐寒也耐热，可做树篱使用。要把早春时销售的树苗栽种在向阳、排水性好、干爽的地方。若月桂的枝条过密，则枝条间的通风性就会变差，那么它的叶片就会枯萎，且株体容易发生病虫害，所以要注意使其保持通风。

> **关 键 词**
> **分株法、水培法**
>
> 繁育芳香植物的两种经典方法是分株法和水培法。分株是为了不损伤植物的根部，应把植株从土中挖出来，将之分成 2~3 株，用剪子剪掉老根。在修剪茎叶，把植株修整得小巧些后，应把它深栽在泥土里，再为其多多浇水。建议在春天或秋天为其进行分株。水培时，首先将芳香植物的枝条尖剪下 8~10cm（刀口要倾斜）。之后，摘掉下方的叶片，把剩下的部分插进杯子里并注水，水的位置以不沾到叶片为宜。因为杯子里的芳香植物在 1 周左右就会生根，所以要小心地把它定栽在土里。也有不用浇水，而是把芳香植物插在培养土里的土培法。

地被植物图鉴

地被植物是指覆盖在地表和墙面上的低矮植物。因为很多地被植物的生命力都很顽强，所以在打造庭院的最初，栽种此类植物能提升你从事园艺活动的信心。

常春藤

宿根 / 五加科常春藤属 / 藤本植物 /
藤长 10m 以上

常春藤的园艺品种多达数百种，在住宅区的外墙和电线杆周围也常能见到此类植物。因为它能攀爬在墙壁和树木上，所以能覆盖住立面。常春藤的耐阴性很强，新手也能轻松驾驭。它是常绿植物。

飞蓬

多年生草本 / 花期 4 月—8 月 /
株高 15~50cm

飞蓬为菊科植物。一株飞蓬会生有白色和粉色的小花。日本人称其为源平小菊。飞蓬的生命力顽强，能蔓延成片。只要环境适宜，自然洒落的种子也会不断地生长，甚至从混凝土的裂缝中萌芽而出。

酢浆草

多年生草本 / 品种不同则花期不同 /
株高 5~30cm

酢浆草属是个有 800 多个品种的大族群。此类植物的品种不同则花期也不同。叶片有心形、三叶形、细叶形和卵形等多种形状。此类植物生命力顽强，具有旺盛的繁殖力，适合绿化地面。

玉簪

多年生草本 / 花期 7 月—8 月 /
株高 15~200cm

玉簪为百合科植物。在喜阴植物中，它的彩色叶片很有存在感。它的花茎会笔直或倾斜地生长，并会绽放出很多白色或淡紫色的花。冬天，玉簪会落叶，其地面部分也会枯萎，要注意它的这个特性。

头花蓼

多年生草本 / 花期 7 月—11 月 /
株高 10~50cm

头花蓼为蓼科植物，能在岩石花园等干燥的地方很好地生长。野生的头花蓼能从柏油路的缝隙处发芽，且繁殖力极强。头花蓼有匍匐茎，茎只要接触到土壤就会生根、扩张。头花蓼会开放直径约 1cm 的粉红色小花。

矾根

多年生草本 / 花期 5 月—7 月 /
株高 20~80cm

矾根为虎耳草科植物，在背阴处也能好好生长，是阴面花园里的焦点。矾根的叶色多种多样，全年常绿，能一直保持相同的样子。花茎长至近 1m 时就会竖起来，并变成灌木状。

5 个功能

地被植物有隐藏地表、装饰庭院里的石头、防止降雨引起泥水飞溅、抑制水土流失、抑制杂草生长等 5 个功能。

 缺点

此类植物的繁殖能力特别强大，有时甚至会蔓延到意外的地方，将根茎伸长到邻居家，应特别注意这个问题。

⚠ **修剪**

修剪地被植物时只把不喜欢的植株挖起来，用剪刀修剪即可。如果修剪的是藤本植物，那么只把过长的部分剪掉就可以了。

蓝羊茅

多年生草本 / 花期：6 月—7 月 /
株高 20~50cm

这是一种耐寒性强的常绿多年生草本植物，即使在冬天也能观赏到它银白色的美丽叶片。它是冬季花坛里的明星。它喜欢像岩石花园这样排水良好、干燥的环境，也被称为银玻璃、蓝胡子。

薜荔

桑科榕属 / 常绿灌木

它的茎不会直立，只能爬行伸长或攀附于墙壁和其他树木，因此也很招人喜欢。它在阳光充足的地方会长得很健康，其叶片的颜色也会变好，但要注意直射的阳光会灼伤叶片。

金钱麻

别名：婴儿泪 / 荨麻科金钱麻属 /
花期 6 月—7 月 / 株高 5~10cm

长得像婴儿的眼泪一样柔软的叶片是它的特征。如果它能顺利扎根，那么它后期就会茁壮地成长，且不会轻易枯萎。因为它的叶片和根须都很柔软，所以和其他地被植物相比，它会更容易清除一些。要避免阳光直射。

麦冬

别名：绣墩草、玉龙（日）、金边阔叶麦冬（日）/ 百合科沿阶草属

它是在日本各地常见的常绿多年生草本花卉。它细长的叶片像在地面爬行般郁郁葱葱地舒展着。它的株高为 10~40cm，对光照的要求不高，栽种后不必费心打理。省心省事的特点让它成了人尽皆知的地被植物。

千叶兰

多年生草本 / 花期 5 月—6 月 /
株高 30~50cm

叶片光泽的千叶兰为蓼科植物，它的茎像铁丝一样横向、旺盛地生长着。它既能在阳光下生长，也能在半阴处存活。千叶兰的生命力虽然非常顽强，但是缺水或积肥都会影响其生长，所以要多加注意。

关 键 词
草坪

用于打造草坪的植物当然也是一种地被植物。草坪大致可分为日本草坪和西洋草坪，要根据环境进行选择。土质对草坪的生长也有很大的影响，如果是会粘在铲子上的黏土，就要掺入腐叶土或珠光体等改良剂进行调配。如果是砂质土壤，则可以加入腐叶土和堆肥等对其进行改良。待小草平安无事地扎下根且长到 5cm 左右时，就要对草坪进行修剪等维护作业了。与本页介绍的地被植物相比，打理草坪是项很困难的作业。最近，以假乱真的人造草坪越来越多了，可以去店里选购。

花树・庭树图鉴

庭树是庭院的象征，是花草的伙伴……正因为是小庭院，所以请选择一棵树作为主角。树木能让庭院变得又立体又华丽，使整体氛围焕然一新。

绣球

虎耳草科 / 落叶灌木 / 树高 2m/
花期 6 月—9 月

它原产于日本、现在是在全世界范围内都很受欢迎的花树，会在梅雨季节开花。它的生命力十分顽强，只要不缺水，它就既可以地栽，也可以盆栽。它是落叶植物，能够生长在背阴处。但若想观花，就得把它栽种在阳光充足的地方。

油橄榄

木犀科木犀榄属 / 小灌木 / 树高 2m 以上 /
收获期 10 月下旬—11 月中旬

油橄榄适合栽种在向阳、排水性好、水源充足的地方，其银色的叶片很是美丽。因为它有着旺盛的生命力，所以非常适合作为院子里的主树。地栽时，刚种下的树苗除了需要适应土质以外，平时几乎都不需要浇水。

黄栌

漆树科黄栌属 / 落叶乔木 / 树高 3~4m/
花期 6 月—8 月

它是初夏开花的花树代表，其红叶也具有观赏价值。此树生长迅速，枝条横向伸展。如果树冠长得过宽，就要经常为其修剪。要把它栽种在光照和排水良好的地方。它的树根浅，最好栽种在背风处。

金合欢

豆科金合欢属 / 树高 5m 以上 /
花期 3 月—4 月

金合欢带银色的绿叶（银叶）和早春盛开的黄色花朵非常美丽，是招人喜欢的庭树。此树应栽种在通风好、光照佳的地方。因为它不喜欢被移植，所以在栽种后就不要再移动了。

柠檬

芸香科柑橘属 / 乔木 / 树高 2~4m/
收获期 10 月—4 月

在柑橘属植物中，柠檬的耐寒性虽然较弱，但随着温室效应的加剧，柠檬也变得容易培育了。而且，培育期间几乎不需要为其喷洒农药。柠檬喜欢阳光充足的地方。如果养护得好，那么一棵树可以结生200~300 个果实，并能在多年间都会让主人有所收获。

桉树

桃金娘科桉属 / 常绿乔木 / 树高 5~70m

要把桉树栽种在向阳且通风良好的地方，要选用排水性良好的花土。因为桉树喜欢干燥的环境，所以地栽的桉树在扎根之后就不需要浇水了。如果栽种时给它上足了基肥，那么后期便既不用追肥，也不需要打理了。